建筑工程设计常见问题汇编

装配式建筑分册

孟建民 主　　编
陈日飙 执行主编
深圳市勘察设计行业协会 组织编写

中国建筑工业出版社

图书在版编目（CIP）数据

建筑工程设计常见问题汇编. 装配式建筑分册 / 孟建民主编；深圳市勘察设计行业协会组织编写. —北京：中国建筑工业出版社，2021.2（2021.6重印）
ISBN 978-7-112-25856-7

Ⅰ. ①建… Ⅱ. ①孟… ②深… Ⅲ. ①房屋建筑设备-装配式构件-建筑设计-问题解答 Ⅳ. ①TU2-44

中国版本图书馆 CIP 数据核字（2021）第 024848 号

责任编辑：费海玲
责任校对：李美娜

建筑工程设计常见问题汇编　装配式建筑分册
孟建民　主　　编
陈日飙　执行主编
深圳市勘察设计行业协会　组织编写
*
中国建筑工业出版社出版、发行（北京海淀三里河路 9 号）
各地新华书店、建筑书店经销
北京鸿文瀚海文化传媒有限公司制版
北京富诚彩色印刷有限公司印刷
*
开本：880 毫米×1230 毫米　1/16　印张：8½　字数：242 千字
2021 年 2 月第一版　2021 年 6 月第二次印刷
定价：**50.00** 元
ISBN 978-7-112-25856-7
（36712）

《建筑工程设计常见问题汇编》
丛书总编委会

《建筑工程设计常见问题汇编　装配式建筑分册》
编　委　会

分 册 主 编： 孟建民

分册执行主编： 陈日飙　龙玉峰　孙占琦

分册副主编： 陆荣秀　蔡　洁　黎　欣

分 册 编 委：（以姓氏拼音字母为序）

曹勇龙　丁　宏　付灿华　谷明旺　郭文波

胡　涛　练贤荣　李世钟　邱　勇　唐大为

王洪欣　赵宝森　赵晓龙

分册主编单位： 深圳市勘察设计行业协会

深圳市华阳国际工程设计股份有限公司

中建科技设计研究院

深圳市建筑产业化协会

分册参编单位： 香港华艺设计顾问（深圳）有限公司

筑博设计股份有限公司

深圳华森建筑与工程设计顾问有限公司

深圳市建筑设计研究总院有限公司

深圳市现代营造科技有限公司

深圳市鹏城建筑集团有限公司

序

40 年改革创新，40 年沧桑巨变。深圳从一个小渔村蜕变成一座充满创新力的国际化创新型城市，创造了举世瞩目的“深圳速度”。2019 年《关于支持深圳建设中国特色社会主义先行示范区的意见》的出台，不仅是对深圳过去几十年的创新发展路径的肯定，更是为深圳未来确立了创新驱动战略。从经济特区到社会主义先行示范区，深圳勘察设计行业是特区的拓荒牛，未来将继续以开放、试验和示范的姿态，抓住粤港澳大湾区建设重要机遇，为社会主义先行示范区的建设添砖加瓦。

2020 年恰逢深圳经济特区成立 40 周年。深圳勘察设计行业集结多方技术力量，总结经验、开拓进取，集百家之长，合力编撰了《建筑工程设计常见问题汇编》系列丛书，作为深圳特区成立 40 周年的献礼。对于工程设计的教训和问题的总结，在业内是比较不常见的，深圳的设计行业率先将此类经验整合出书，亦是一种知识管理的创新。希望行业同仁深刻认识自身的时代责任，再接再厉、砥砺奋进，坚持践行高质量发展要求，继续助力深圳成为竞争力、创新力、影响力卓著的全球标杆城市！

2021 年 1 月

前　言

装配式建筑在全国全面推广以来取得了突破性的进展，各区域、各城市逐步完善了装配式建筑相关的配套设施，也制定了相应的规范标准和设计图集，形成了比较完整的产业链。但由于发展时间相对较短，缺少足够的系统全面的项目总结，各单位在具体操作实施过程中难以系统地了解相关知识，把控装配式建筑质量。尤其是在近年众多的项目实践中，暴露出了许多与装配式建筑技术相关的常见问题，主要表现在设计过程、项目管理、构件生产运输、施工安装、造价成本等方面。

设计过程常见问题主要由于设计单位、深化单位对装配式项目把控不到位，缺乏相关的经验，装配式体系选择不合理，设计各阶段工作重点不清晰，缺少统一的统筹策划，没有从设计端开始对整个装配式项目进行协调统筹。如，装配式设计团队未综合考虑各专业的关联，导致后期装配式方案影响建筑效果和功能，或在后期装饰装修存在较多难处理的问题；构件深化与主体设计存在脱节，导致装配式技术认定、构件拆分难以实施，甚至出现一系列影响到结构安全的问题。

项目管理常见问题主要由于装配式建筑项目建设流程仍然按传统现浇项目实施，前期未策划好各单位的时间与分工，导致各专业、各配合单位间的提资后置，造成项目反复调整；建筑方案设计阶段装配式设计团队未介入，导致后期装配式方案难以实施等。

构件生产运输常见问题集中在深化设计过程没有结合生产工艺、运输方式进行构件拆分或深化。如，构件拆分尺寸过大，运输存在问题；预制构件外伸钢筋过长，或未设置有效的防护措施，导致钢筋弯折变形；设计未对构件的堆放提出要求，不合理堆放导致构件损坏；构件角部位置未设计倒角，出厂构件存在缺棱掉角等质量问题。

施工安装常见问题集中在吊装、定位及安装、钢筋支撑冲突、现场预埋预留问题。如，吊点设置不合理，导致吊装存在较大风险；设计失误导致构件管线、埋件与现场预留位置误差较大，后期剔凿影响预制构件的质量且耗费时间；构件固定点与铝模支撑系统冲突，现场无法固定安装；深化设计未对叠合板的支撑条件提出要求，造成现场施工时叠合板的变形或开裂；现浇墙柱与预制构件节点处钢筋密集，无法绑扎，且影响混凝土的浇筑与质量。

造价成本常见问题主要由于设计缺乏统一标准，每套模板周转次数低，构件成本增加；设计阶段没有结合项目具体情况提出合理的施工方案，出现较大成本的施工措施费用。

本书面向装配式建筑项目参与方（建设单位、设计单位、生产单位、施工单位、科研机构等）进行了广泛征集，收集到常见问题案例400余个，示例图、照片3000余张。最终经编制组多次讨论，按问题类别进行梳理编排，选取有代表性问题 160 余个，采用图文并茂的展示方式，对每个问题进行详细的分析，并给出了合理的应对措施。希望能够为装配式建筑落地实施提供参考指导，避免此类常见问题再次出现，为积极推广应用装配式技术贡献力量，充分发挥装配式建筑的“两提两减”优势，加快产业升级、提升建筑品质、控制建设成本、缩短建造工期。

目　　录

第 1 章　项目管理常见问题

1.1　设计介入节点问题

问题【1.1.1】

问题描述：

建筑方案设计阶段装配式设计未介入，导致后期装配式方案难以实施。

原因分析：

1）建筑方案设计团队不熟悉当地装配式政策要求，未考虑装配式实施方案。

2）方案规划高度超过装配式建筑允许高度，抗震超限项目前期结构方案存在薄弱部位不适合采用装配式构件，超限审查未与审查专家沟通，不适合采用装配式构件部位未在审查意见中明确提出。

应对措施：

1）方案设计阶段装配式设计团队应介入配合，并熟悉了解当地政策，如表 1.1.1-1、表 1.1.1-2 所示，为深圳市相关政策要求。

深圳市装配式建筑实施范围　　**表 1.1.1-1**

建设用地规划许可证发证时间	装配式建筑实施范围
2018 年 12 月 1 日起	新建住宅、宿舍、商务公寓等居住建筑 建筑面积 5 万 m^2 及以上的新建政府投资的公共建筑
2019 年 1 月 1 日起	新建住宅、宿舍、商务公寓等居住建筑 新建建筑面积 5 万 m^2 及以上 公共建筑、厂房、研发用房
2020 年 1 月 1 日起	新建住宅、宿舍、商务公寓等居住建筑 新建建筑面积 3 万 m^2 及以上 公共建筑、厂房、研发用房

注：用地规划许可证延期、变更的，按取得最新用地规划许可证的日期执行。若用地规划许可证因城市基础设施、轨道交通等公共利益办理变更的，可按首次取得用地规划许可证的时间执行（由区规划自然、城市更新部门核实项目相关文件批复或政府部门会议纪要等材料后，将项目情况抄送区住房建设局，区住房建设局按季度汇总报送市住房建设局）

深圳市装配式建筑不作评分要求的项目范围　　**表 1.1.1-2**

序号	不作评分要求的项目范围
1	单体建筑面积 5000m^2 及以下的新建建筑
2	建设用地内配建的非独立占地的公共配套设施（包括物业服务用房、社区健康服务中心、文化活动室、托儿所、幼儿园、公交场站、停车场、垃圾房等）、非独立成栋的配套宿舍
3	除住院部以外的医疗卫生类建筑

续表

序号	不作评分要求的项目范围
4	除教学、办公以外的教育类建筑 注:高中学校按照《深圳市人民政府办公厅关于印发高中学校建设方案(2020—2025 年)的通知》(深府办函〔2019〕286 号)执行
5	交通、市政、园林类建筑 注:按照《关于在市政基础设施中加快推广应用装配式技术的通知》(深建科工〔2018〕71 号)执行
6	文物、宗教、涉及国家安全和保密等特殊类建筑
注:在判断项目是否要做装配式建筑时,以上内容的建筑面积在项目合计建筑面积时不可免除	

2）结构方案确定时应综合考虑装配式实施方案，并在超限审查阶段将装配式构件相关要求落实到超限审查意见中（表 1.1.1-3）。

深圳市装配式建筑评分规则补充和说明　　**表 1.1.1-3**

序号	主体结构工程
1	对于建筑高度 50m 及以下的公共建筑,采用第②项进行“竖向构件”和“水平构件”技术项评分时,非预制构件部分采用装配式模板工艺可不作要求
2	对于建筑高度超 150m 且超 B 级高度的钢筋混凝土建筑,经超限高层建筑工程抗震设防专项审查,认为预制楼板影响结构抗震安全的,可不采用预制楼板。在此情况下,“水平构件”技术项评分中,非预制构件部分均采用装配式模板工艺,得 10 分
3	对于建筑高度 54m 及以下(或楼层数 18 层及以下)的居住建筑和建筑高度 50m 及以下的公共建筑,“装配化施工”技术项中“工具式脚手架”可作为缺少项

1.2　项目策划问题

问题【1.2.1】

问题描述：

装配式建筑项目建设流程仍然按传统现浇项目实施，前期未策划好各单位的时间与分工，导致各专业、各配合单位间的提资后置，造成项目反复调整。

原因分析：

1）装配式建筑项目前期未设置统筹单位，建筑设计与部品生产、施工割裂。

2）设计阶段未进行建筑、结构、机电设备和室内装修一体化协同设计。

应对措施：

1）装配式建筑项目与传统现浇项目的建设流程相比，增加了技术策划、工厂加工等环节，在设计阶段注重协调建设、设计、生产、施工各方之间的关系，并应加强建筑、结构、设备、装修等专业之间的配合，两者的差异详见图 1.2.1-1、图 1.2.1-2。

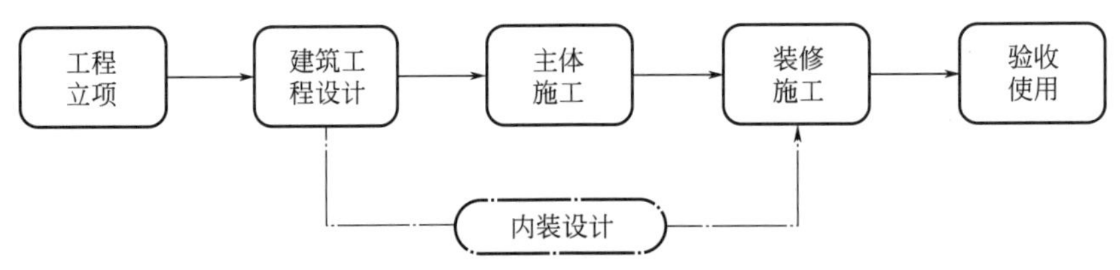

图 1.2.1-1　现浇建筑建设参考流程图

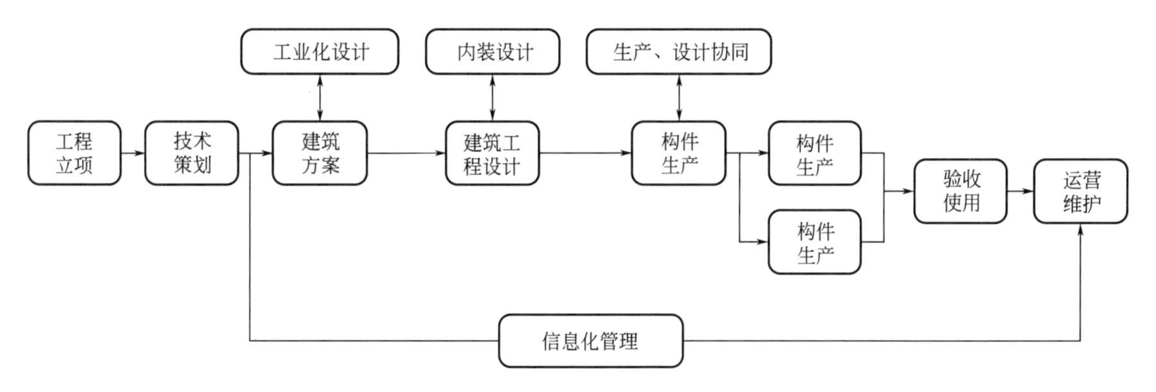

图 1.2.1-2　装配式建筑建设参考流程图

2）建设单位还应协助设计单位做好与建设单位内部各部门、构件生产、施工、部品、内装等相关单位部门的整体协同工作。项目初步设计阶段确定相关合作单位或专业配合单位，通过定期会议、微信群等方式建立各单位协同合作工作机制，促进各方之间的紧密协作。

3）建设单位、设计单位以及施工单位提供技术支持，建设单位项目经理部进行统筹协调，专项监理工程师负责工业化生产施工的验收，预制构件、铝模、预制内墙板、工具式提升机等供应单位技术负责人主要负责生产与优化，施工单位负责落地，形成管理闭环。

第 2 章　设计过程常见问题

2.1　装配式方案选型问题

问题【2.1.1】

问题描述：

原设计叠合楼板的区域包括核心筒位置，不能满足机电管线安装要求，同时不符合结构概念要求（图 2.1.1）。

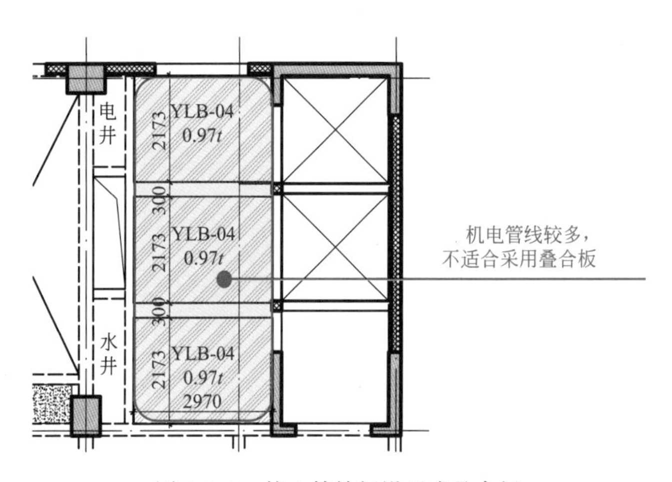

图 2.1.1　核心筒楼板设置成叠合板

原因分析：

叠合楼板现浇层厚度一般只有 60～80mm，而核心筒通常需要埋设的机电管线较多，存在管线交叉、现浇厚度无法满足要求的情况。同时在核心筒部位由于布置了楼梯间、电梯间及设备管井等，多开设楼板洞口，且楼板开设洞口尺寸较大，从而形成结构的薄弱部位，从结构概念上应对核心筒位置的楼板加强。然而装配式叠合楼板与周边构件的连接和整体性能不如现浇楼板，为了加强核心筒位置的楼板，该位置应避免采用叠合楼板。

应对措施：

核心筒位置的楼板应改为现浇楼板（为满足装配率要求，可采用钢筋桁架楼层板等可拆卸模板楼盖体系），并且核心筒楼板厚度不小于 130mm，从而加强核心筒部位的楼板，并且提高该位置结构的整体性，减少对核心筒结构的削弱。

问题【2.1.2】

问题描述：

楼板方案选择不合适导致增加施工措施，或者机电洞口无法满足设计要求的问题（图2.1.2）。

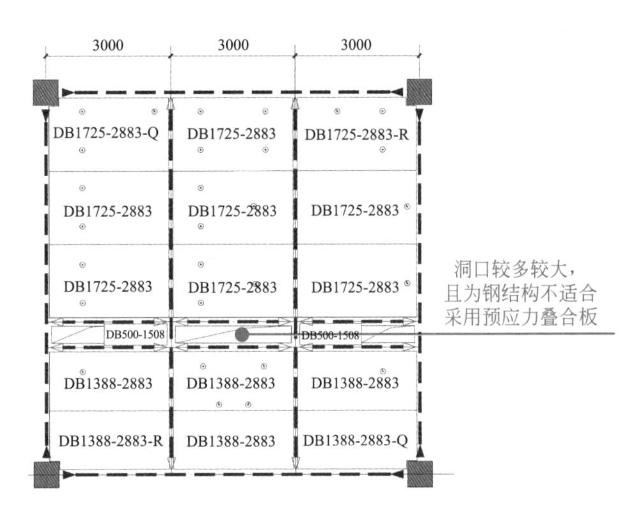

图2.1.2　楼板方案选择不合理

原因分析：

楼板方案选型不合理和各专业之间配合不完善。

应对措施：

1）应根据不同楼板跨度选择合理的楼板类型，跨度从大到小分别选择：预应力空心板—预应力叠合板—普通叠合板，实在无法满足开洞要求可以选择现浇楼板或者钢筋桁架楼承板。

2）楼板方案在建筑方案阶段确定。

2.2　影响建筑效果功能问题

问题【2.2.1】

问题描述：

建筑立面分隔缝与预制构件拼缝未协调统一，采用暗缝做法导致后期开裂（图2.2.1-1、图2.2.1-2）。

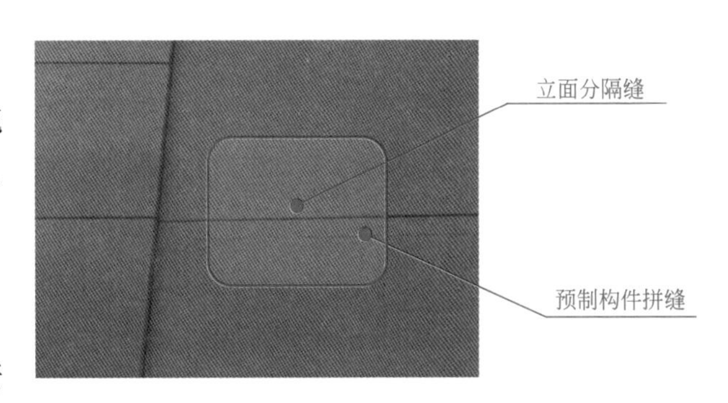

图2.2.1-1　分隔缝与预制构件拼缝未统一

原因分析：

在装配式建筑中，预制构件之间为消除安装误差需设置拼缝，预制外墙板完成组装以

图 2.2.1-2　预制外墙板水平缝暗缝开裂

后，会在外立面上增加很多构件边缘组成的分隔拼缝。建筑外立面设计时，如果按传统现浇施工工艺进行设计，由于外墙现浇混凝土结构或者砌体墙通常是做完抹灰层再在抹灰层外面做装饰面层，因此结构层不同材料之间的拼缝是不需要在外立面效果把控时进行考虑的。然而与预制装配式建筑的情况不同，建筑立面分隔缝需要考虑预制墙板的分隔缝，如果未协调统一，建筑立面在外界环境和温度作用下容易产生开裂。

应对措施：

建筑设计师在进行装配式建筑外立面效果设计时，应充分重视并考虑预制构件端部衔接部位的构件拼缝对外立面造型的影响，建筑立面分隔缝与预制构件拼缝应协调统一，并且建筑立面分隔缝应设计为立面明缝。

问题【2.2.2】

问题描述：

预制外墙板底部设计未考虑防水构造，容易出现漏水、渗水（图 2.2.2）。

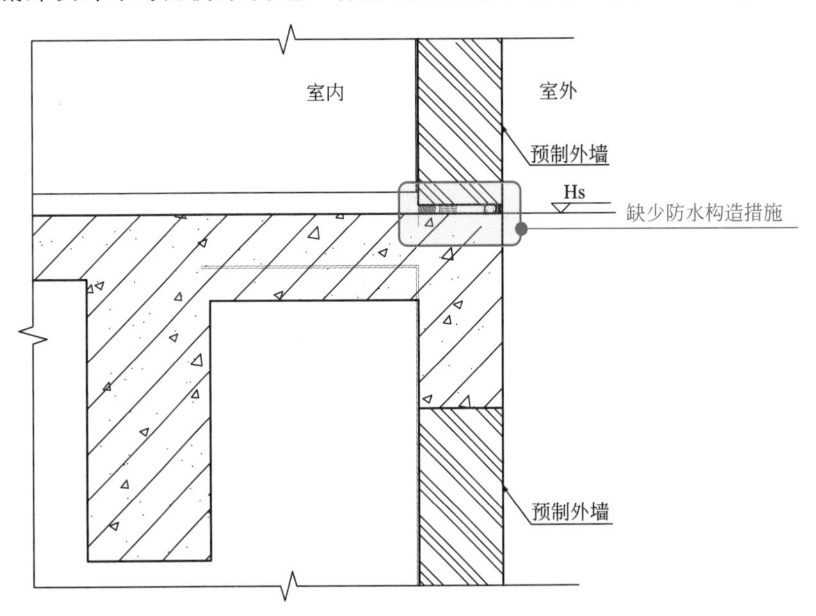

图 2.2.2　预制外墙水平拼缝未设置防水构造

原因分析：

1）受主体结构层间差异变形、密封材料的变形能力，以及施工安装误差等因素的影响，外墙构件拼缝位置气密性、水密性等不能满足正常使用要求。

2）构造防水设计不足以应对热带风暴或台风等极端恶劣天气。

3）未进行合理的防水构造设计。

应对措施：

根据广东省标准《建筑防水工程技术规程》DB33/T 1147—2018 中第 5.7 章装配式外墙防水设计内容的要求：

水平接缝应采取外低内高的企口缝构造。根据建筑高度，预制墙板应采用不少于一道材料防水和构造防水相结合的做法。采用两道材料防水时，靠近室内一侧宜设置橡胶空心气密条，室外的接缝应采用耐候建筑密封胶进行密封。

问题【2.2.3】

问题描述：

预制外墙板设计选择在卫生间或阳台部位，未考虑可靠的防水构造。

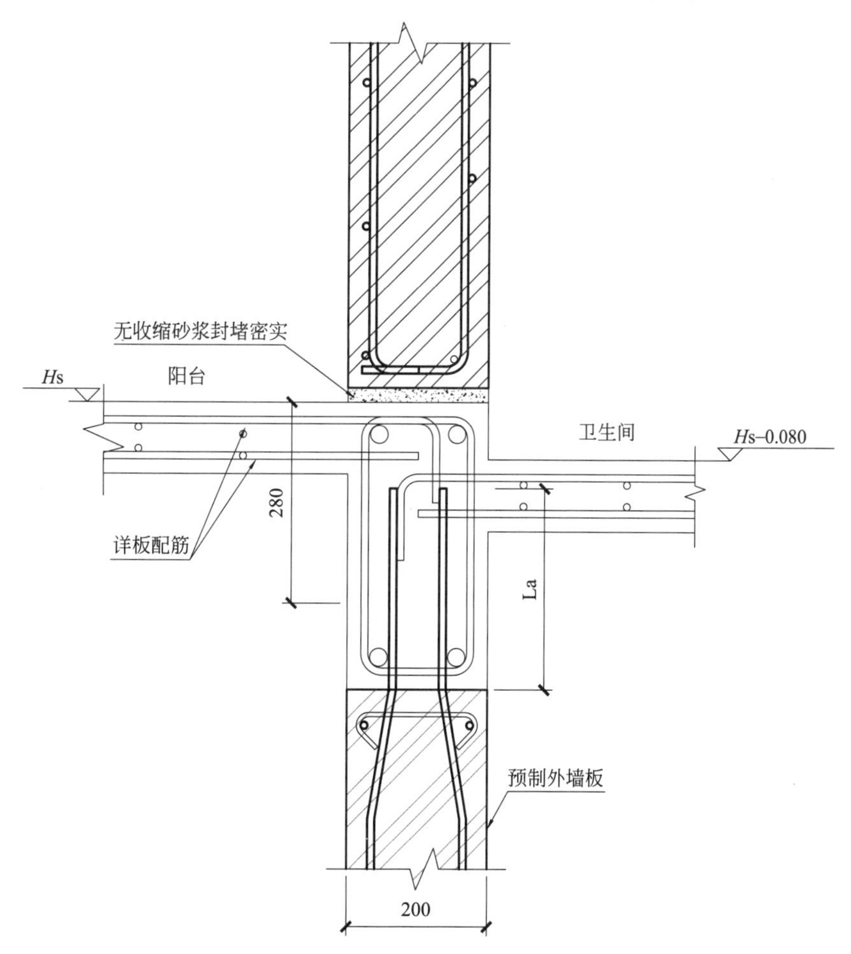

图 2.2.3　卫生间未考虑防水构造

原因分析：

通常非承重预制外墙板在下部与主体结构会预留 20mm 水平缝，以避免竖向荷载的传递。如果预制外墙板既选择了无水房间部位，又选择了卫生间或阳台部位，为保证外立面效果，不同房间的预制外墙板水平缝应设置在同一标高，这个标高通常为楼层标高，会造成卫生间及阳台的预制外墙水平缝设在有水部位的下方或同一水平位置，如果柔性防水失效或施工不当易造成渗漏（图 2.2.3）。

应对措施：

不建议在这样的部位采用非承重预制外墙板，如采用可将水平缝提高 150～300mm，在板缝外侧增加密封材料防水做法，避免外侧防水失效造成接缝漏水。

问题【2.2.4】

问题描述：

预制构件底部未收口，影响建筑立面效果；另外，首层构件安装时未考虑底部支撑。

图 2.2.4 过渡区域节点未收口

原因分析：

设计未考虑现浇层与预制构件层交接位置过渡区域的节点做法（图 2.2.4），施工时现浇层结构与预制构件连接部位的预留过渡区域空间尺寸不足，造成混凝土预制构件安装困难或者不能准确定位安装预制构件，从而导致立面线条不连续，影响建筑立面效果。

应对措施：

设计应提前考虑现浇层与预制层交接位置的细节处理，应在施工图中给出详细的现浇层与预制构件层交接位置过渡区域的节点做法，并且在连接部位预留合适的过渡区域尺寸，保证预制混凝土构件能够正常顺利安装施工。在进行装配式混凝土结构交接处节点的设计时，装配式结构节点、接缝连接的传力路径应可靠，构造应简单，并且装配式混凝土结构节点、接缝应进行受压、受拉、受弯和受剪承载力的计算。

问题【2.2.5】

问题描述：

预制构件刚度不足，运输安装容易损坏，且需要设置临时加固件（图2.2.5）。

图2.2.5　预制构件设置临时加固件

原因分析：

预制构件拆分设计不合理，导致构件自身整体性不足，刚度较差，需要设置临时加固件，构件生产、运输、吊装均易损坏，且临时加固件的安装和拆除均影响施工效率。

应对措施：

拆分设计需要考虑构件的自身刚度，确保构件的整体性。

问题【2.2.6】

问题描述：

设计未考虑预制凸窗与现浇结构节点的合理交接处理，导致该处存在漏水隐患。

原因分析：

1）设计人员忽略了预制凸窗在建筑结构顶层的做法与标准层不同（图2.2.6），未采用措施处理预制凸窗与现浇结构连接节点的交接处理，在预制凸窗顶层节点连接处出现室内外通缝，从而带来漏水的隐患。

2）设计时没有考虑预制凸窗的防水措施，忽略了不同材料连接界面处的防水处理。建筑外墙立面比较丰富，装饰线条比较多，各种材料的温度膨胀系数不同，而又没考虑防水处理，则极易在交界面产生裂缝而渗水。

3）设计时忽略了预制凸窗的细部大样设计，如窗台坡度、滴水槽、穿墙管、外墙装饰件、门窗与墙体间的接缝等部位的防水构造，在设计时简而化之，没有给出设计要求和说明。施工时飘窗顶部没考虑泛水或泛水坡度不够，窗台坡度不够，窗顶没做鹰嘴或滴水槽。

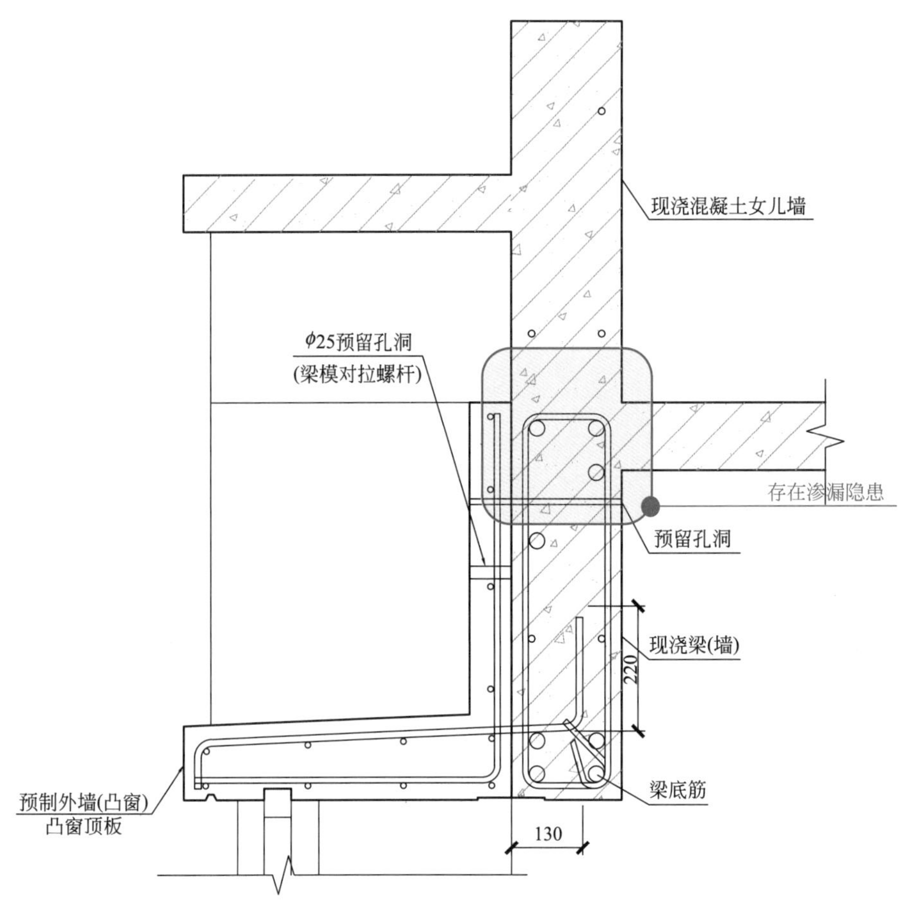

图 2.2.6　凸窗顶层节点图

应对措施：

1）在预制凸窗顶加上一道现浇盖板或采用更合理有效的防水措施。

2）对拉螺杆拆除（切断）后，应对孔洞封填密封膏，上部与现浇混凝土连接，防雨板内侧设凹槽并封填密封膏。

3）窗框与混凝土主体结合部的防雨板应紧贴混凝土主体，而且应对固定用的螺钉帽及混凝土螺钉孔处填充聚氨酯密封膏，基底层也要进行特殊处理。

4）在窗框的内侧安装阻水板。

5）完善凸窗结构

① 凸窗顶部采用滴水槽结构，排水坡度为 1/10 以上，防止凸窗顶部积水。

② 防水层的标准应为涂膜防水层，并在防水层的端部安装预制铝合金披水板。在与外墙衔接的混凝土处设置 30～50mm 的十字嵌缝滴水槽，并对外墙结合处的防水层端部进行密封处理。

③ 凸窗挑檐厚度应整修在 100mm 以上。

问题【2.2.7】

问题描述：

屋面层预制凸窗顶部需要收口处理（图 2.2.7），女儿墙未外凸 75mm，外侧肋上延的高度未结合立面考虑收口。

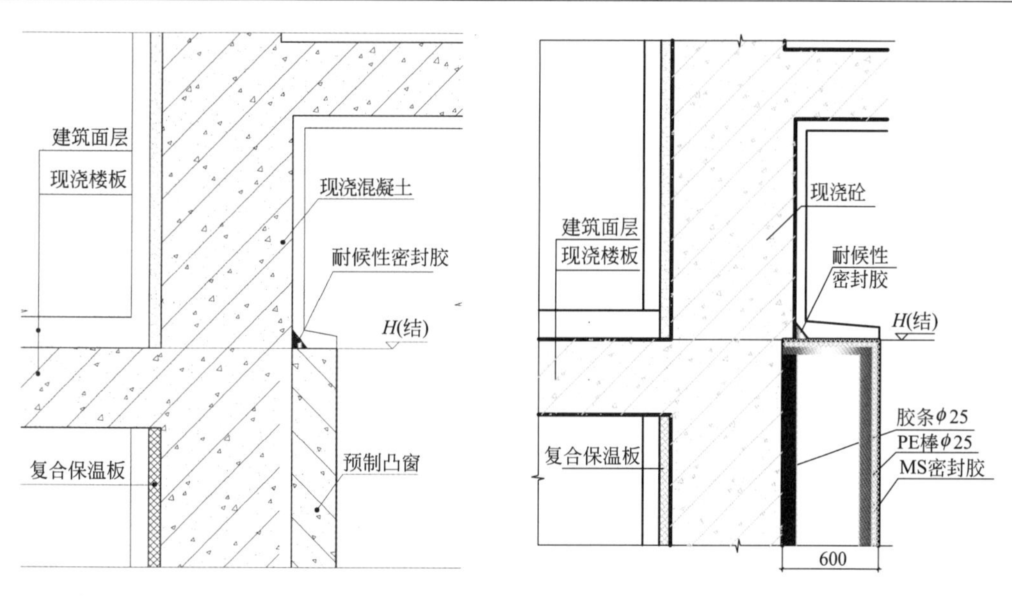

图 2.2.7 屋面层预制凸窗处理示意图

原因分析：

未考虑屋面层预制凸窗顶部收口，会造成预制凸窗顶部没有封口，密封胶容易失效，出现渗水风险。

应对措施：

女儿墙外凸 75mm 封口，预制凸窗两侧肋上延的高度也需要结合立面考虑收口。

2.3 结构计算及安全问题

问题【2.3.1】

问题描述：

主体结构施工图设计计算参数及荷载未考虑预制构件的影响（表 2.3.1），导致主体结构存在安全隐患。

预制构件影响主体结构构件情况示例表 **表 2.3.1**

影响项次	问题示例
荷载	叠合板板厚未按实际输入，外墙板遗漏窗台反坎的混凝土荷载
刚度	未考虑与外墙板相连的梁刚度系数的放大，未考虑全混凝土外墙对整体结构的影响
受力	预制楼梯未按实际情况考虑铰接滑动关系，叠合板拼缝在内隔墙位置时未考虑内隔墙的支座效应

原因分析：

1）装配式方案中预制构件数量，规格的修改若未在施工图设计的模型中考虑，会导致结构所受荷载考虑不全。

2）预制构件布置位置和构件与主体结构的不同连接方式可能影响主体结构整体刚度、构件的承载力及延性等。

3）预制构件的存在可能会影响局部位置的刚度和受力形式，对施工图设计的构件配筋结果产生影响。

应对措施：

1）装配式设计应严格按照相关要求选用合适的构件类型且合理布置，并采用可靠的连接方式和有效的构造措施，以期最大程度减少对主体结构影响；反之，施工图设计时应充分考虑预制构件与主体结构关系，在模型中合理模拟。

2）计算复核依附于主体结构的预制构件荷载（考虑预制构件自身材料自重及其附属部件自重），并在结构分析时根据实际的传力特点将荷载布置于相关构件之上。

3）考虑预制构件可能对主体结构刚度和局部相关的构件内力产生的影响时，可在设计模型中采用合理模拟单元（如预制下挂外墙按深梁建模考虑），然后与原模型结果进行包络设计。

4）对于预制外墙对边梁刚度的提高作用，可在模型中适当提高边梁刚度放大系数。

5）设计有预制抗侧力构件的结构，考虑接缝对抗侧刚度的削弱作用，需根据《装配式混凝土结构技术规程》对同层的现浇抗侧构件内力进行放大。

问题【2.3.2】

问题描述：

外墙保温和现浇混凝土之间没有采取任何拉结措施，后期存在局部脱落的风险（图 2.3.2）。

原因分析：

由于外墙保温层需要与现浇混凝土墙体在施工后形成可靠连接，加强外墙保温层与现浇混凝土墙体的整体性，因此需要采取拉结措施来提高两者之间的抗拔强度，从而保证外墙保温层不会发生剥离和脱落。如果外墙保温层与现浇混凝土墙体之间没有采取任何拉结措施，那么在浇筑混凝土墙体后，现浇混凝土的凝固收缩变形可能会导致外墙保温层的剥离，两者之间不能形成良好的连接，从而导致抗拔强度不足，因此外墙保温层在没有拉结措施的情况下存在着从现浇混凝土墙体上脱落的风险。

应对措施：

应对拉结件的连接进行专项设计和试验验证，确保连接件的应用在设计工作年限内安全可靠。

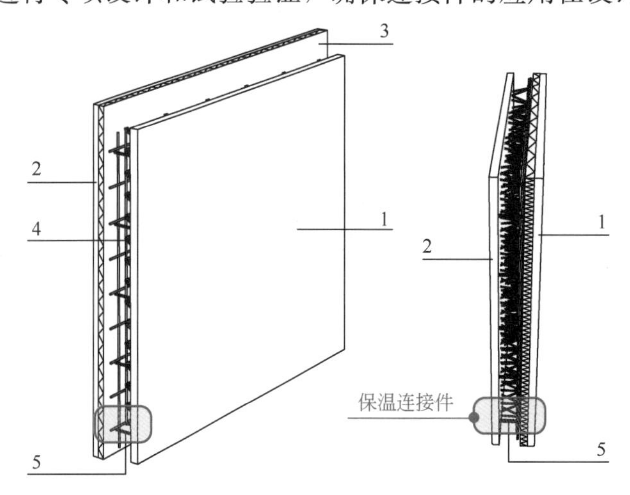

1-内叶板；2-外叶板；3-保温材料；4-钢筋桁架；5-保温连接件

图 2.3.2　夹心保温墙

问题【2.3.3】

问题描述：

装配式住宅大量采用全现浇混凝土外墙，现浇混凝土外墙与主体结构连接，设计时未考虑非承重现浇混凝土外墙对主体结构的影响，同时未采取措施消除本层荷载对下一楼层的影响。全现浇外墙与传统砌筑外墙相比，容重增加，对结构受力产生影响，尤其是长度较长的墙，其对整体结构刚度的影响，以及荷载传递的叠加对局部构件内力的变化都是不能忽视的。

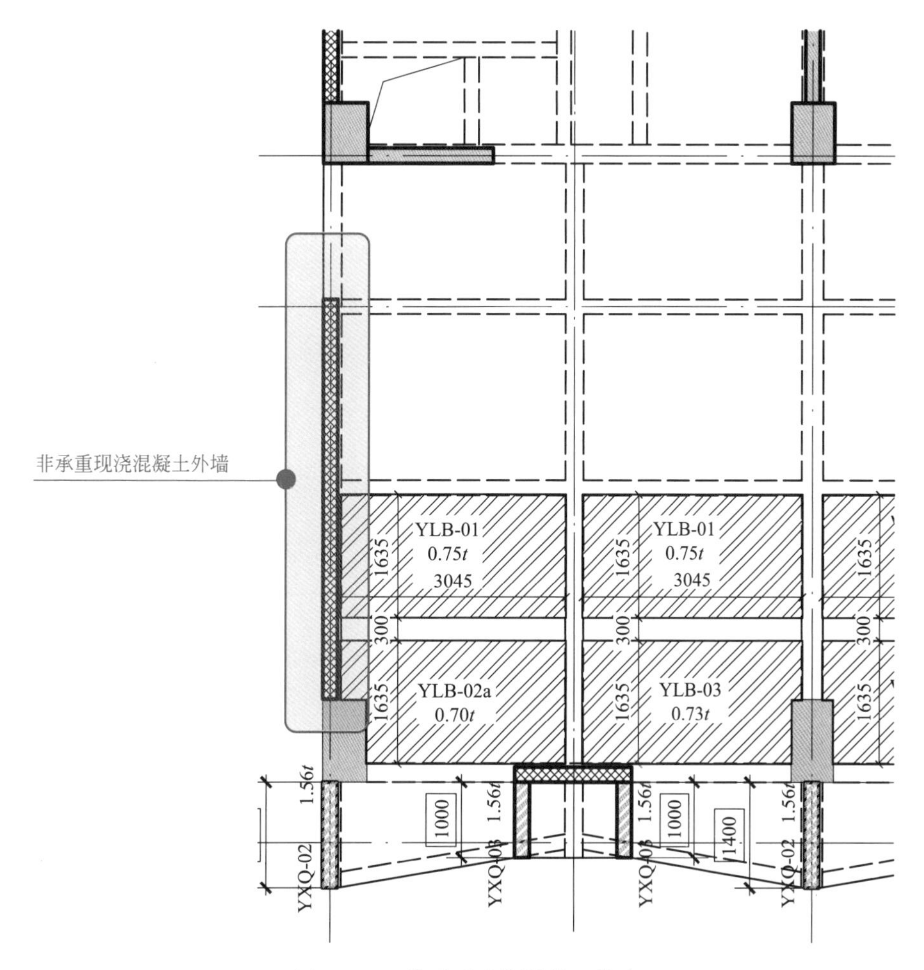

图 2.3.3　非承重现浇混凝土外墙

原因分析：

设计人员忽视了现浇非承重墙对整体结构刚度的影响，非承重现浇混凝土外墙会对主体结构的刚度有提高作用，从而减小结构的自振周期。同时未考虑外墙荷载层层传递对底层结构的影响，增加了底层结构构件的内力，具有安全隐患。

应对措施：

1）与非承重现浇混凝土外墙相连的梁刚度应放大 0.2 及以上（根据不同情况而定），同时该墙的底部与楼层梁处应采用脱开的方式处理（如采取水平拉缝方式）。

2）有条件时建议将非承重现浇混凝土外墙改为剪力墙，直接参与整体结构受力，在不影响建筑功能情况下会更合理，能够提高整体结构的抗震性能和承载能力。

3）考虑非承重现浇混凝土外墙会提高主体结构的刚度折减并自振周期，在结构模型计算分析中选用合适的周期折减系数。

4）在结构计算模型中应加入梁上线荷载来考虑非承重外墙荷载对主体结构的作用。

问题【2.3.4】

问题描述：

装配式住宅外墙由于采用铝模施工且满足外墙免抹灰要求，基本均是全现浇混凝土外墙，其中有不少属于非承重现浇混凝土外墙，与传统砌筑外墙相比，容重增加，对结构受力产生影响。与主体结构直接连接时，如处理不到位，将对结构整体刚度产生影响，且会导致荷载传递路径不正确（图 2.3.4-1）。

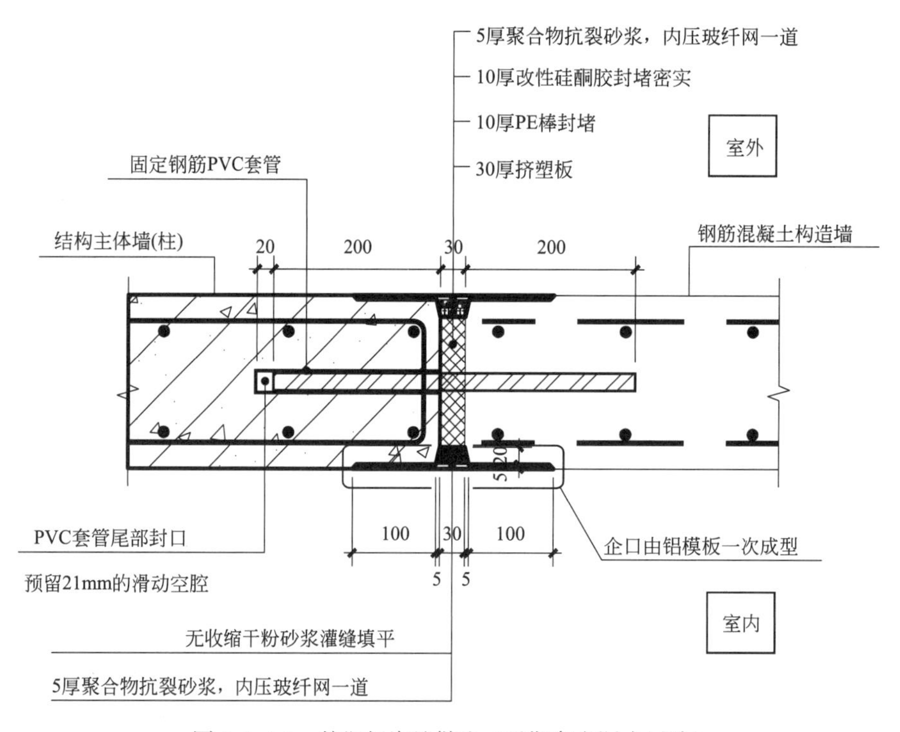

图 2.3.4-1　挤塑板嵌缝做法（后期存在漏水风险）

原因分析：

设计阶段，未考虑全现浇外墙对结构受力的影响。全现浇外墙本身刚度较大，重量较重，如连接构造不合理，会影响水平力作用分配失真。

应对措施：

1）在设计阶段，结构计算时考虑外墙存在对主体结构的影响，进行包络设计。

2）全现浇外墙长度较长时，应采用结构拉缝措施，使现浇外墙和主体结构脱开，避免对结构刚度产生影响。

3）结构专业进行结构设计计算时，适当考虑全现浇外墙对结构计算的影响，在设计阶段配合装配式设计优化完善结构设计。

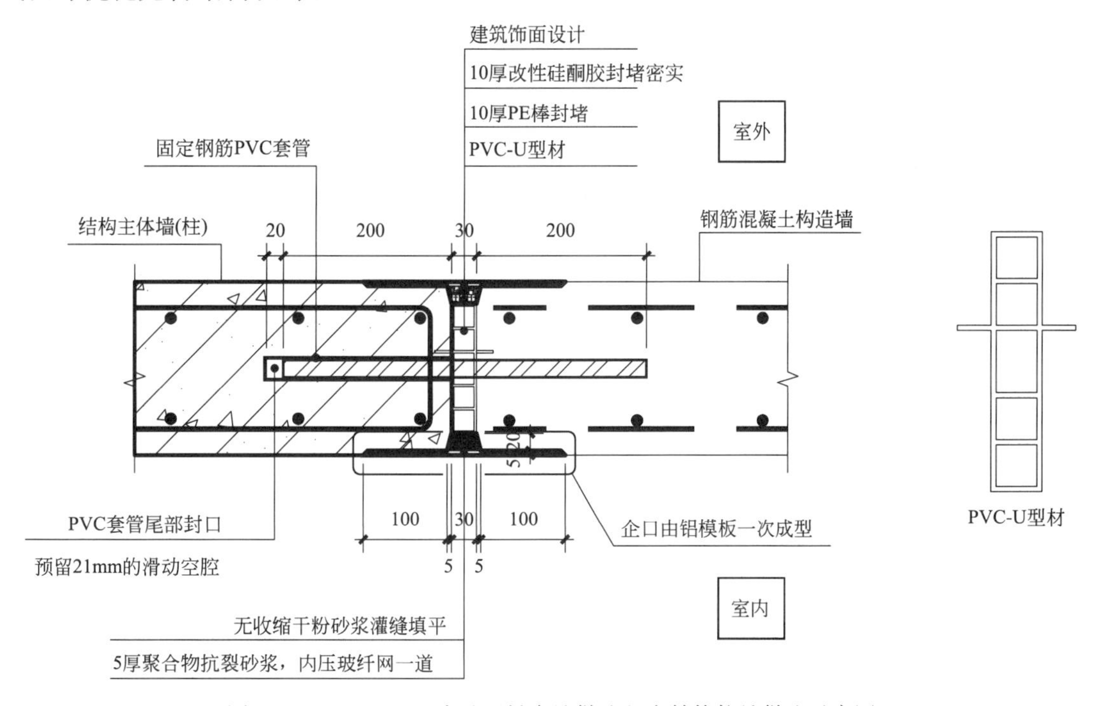

图 2.3.4-2 PVC-U 成品型材嵌缝做法竖向结构拉缝做法示意图

注：除单体图中注明外，固定钢筋规格均为 8@200

问题【2.3.5】

问题描述：

设计采用较多现浇非承重混凝土墙（柱），而计算中没有考虑对主体结构的影响，导致荷载丢失、结构受力发生变化，存在梁底混凝土开裂等安全隐患。

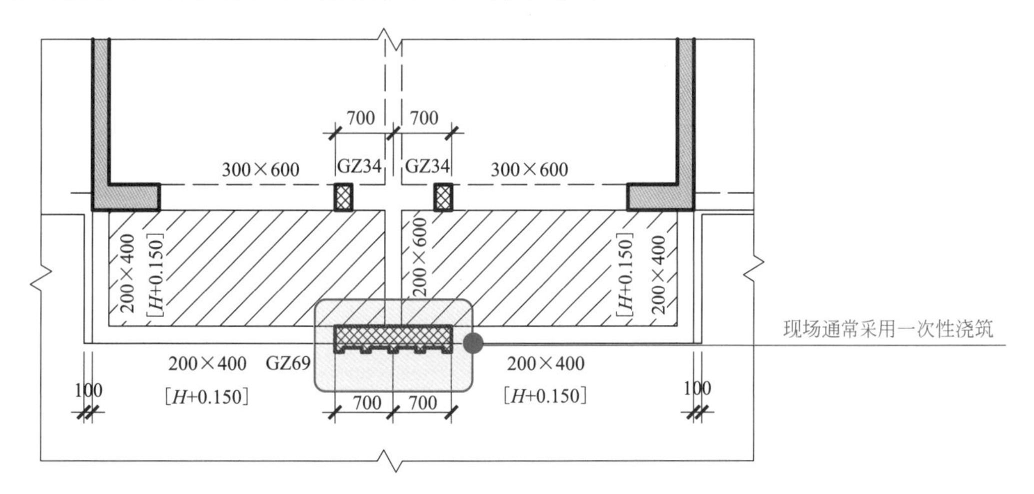

图 2.3.5 构造柱一次现浇

原因分析：

业主和施工单位为施工方便，另外采用爬模施工后也较难在外墙采用二次浇筑，因此大量的非承重现浇混凝土墙柱采用铝模板一次现浇成形（图 2.3.5）。此做法将构造柱下部混凝土梁变成了托柱转换梁，混凝土梁承受了上部结构传递下来的荷载，从而造成梁底混凝土开裂。

应对措施：

1）在结构计算模型中加入非承重现浇混凝土墙柱，参与结构建模计算和受力，并与原模型（非承重现浇混凝土墙柱作为荷载输入）进行包络设计。

2）采用合适的构造做法（如拉缝方式）与结构主体脱离。

3）计算模型应真实模拟构造柱对支承梁的影响，梁底支撑拆除楼层应根据计算确定。

4）采用预制方式。

问题【2.3.6】

问题描述：

大尺寸外挂墙板构件竖肋设计过小，未考虑运输、脱模、起吊、施工现浇混凝土侧压力工况的影响。预制外挂墙板的配筋过小，导致墙板构件开裂（图 2.3.6）。

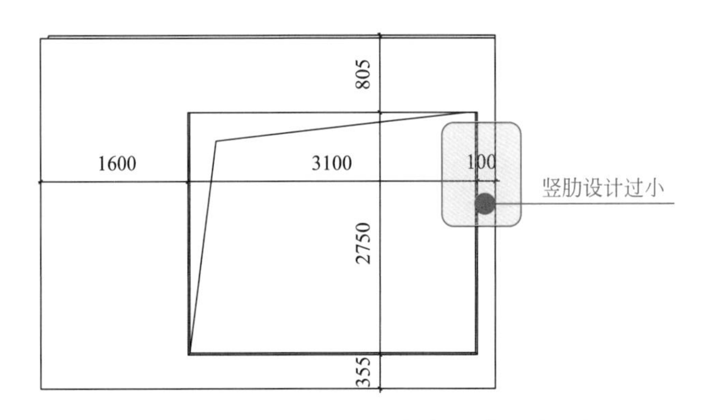

图 2.3.6　大尺寸外挂墙板构件竖肋设计过小

原因分析：

竖肋设计具有提高大尺寸预制外挂墙板构件刚度和稳定性的作用，并且能承受一定的荷载，预制外挂墙板的配筋起到构件抗弯和防止开裂的作用。如果没有考虑到预制外挂墙板在施工过程中的影响，构件竖肋设计和配筋过小会导致预制外挂墙板构件的抗弯刚度不足，在侧压力作用下产生弯曲变形，从而导致裂缝的出现。

应对措施：

大尺寸预制外挂墙板构件的设计需要考虑运输、脱模、起吊、施工现浇混凝土侧压力工况的影响，根据相应规范设计要求，以及预制外挂墙板构件的尺寸大小来对竖肋及配筋进行设计和计算，保证构件的抗弯强度和刚度，防止其在施工过程中出现变形和开裂。

问题【2.3.7】

问题描述：

预制凸窗与现浇的连接构造做法不合理，导致连接部位出现开裂（图 2.3.7）。

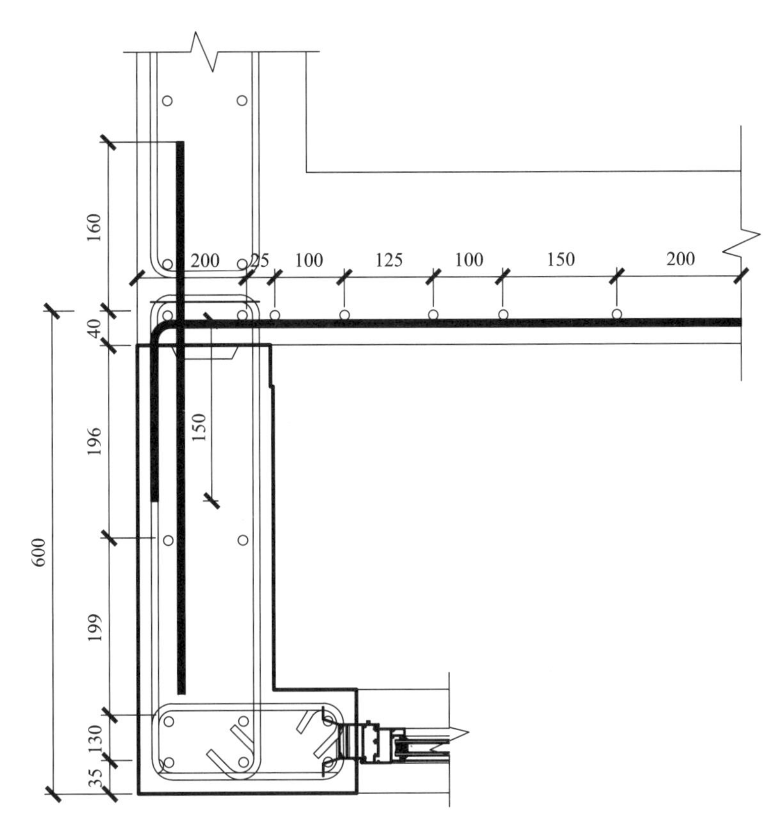

图 2.3.7 预制凸窗抗裂措施错误示意图

原因分析：

设计人员进行深化设计时，采用单筋锚固，导致预制凸窗和现浇剪力墙的连接比较弱，连接部位容易产生裂缝。

应对措施：

为满足凸窗适应主体结构侧移变形协调，以及防裂的需要，预制凸窗可采用封闭箍筋或双排钢筋与现浇剪力墙连接，加强预制凸窗与现浇剪力墙的连接，避免连接开裂。

问题【2.3.8】

问题描述：

为安装方便将叠合板设计为单向板，但结构计算模型未相应修改楼板导荷模式，从而造成楼板分析计算和叠合板配筋结果的不准确（图 2.3.8）。

原因分析：

叠合板的设计方案未给主体结构计算提供正确的设计条件。采用窄缝构造的叠合板，其实际受力方式应为单向板，楼板的受力钢筋应沿着单向受力方向布置，如果没有在结构计算模型中设置楼板的单向导荷方式，将会按照双向板的方式来对叠合板进行分析计算和楼板配筋，楼板的受力钢筋将会按双向受力方式来布置，从而导致叠合楼板的分析计算结果和设计结果不准确。

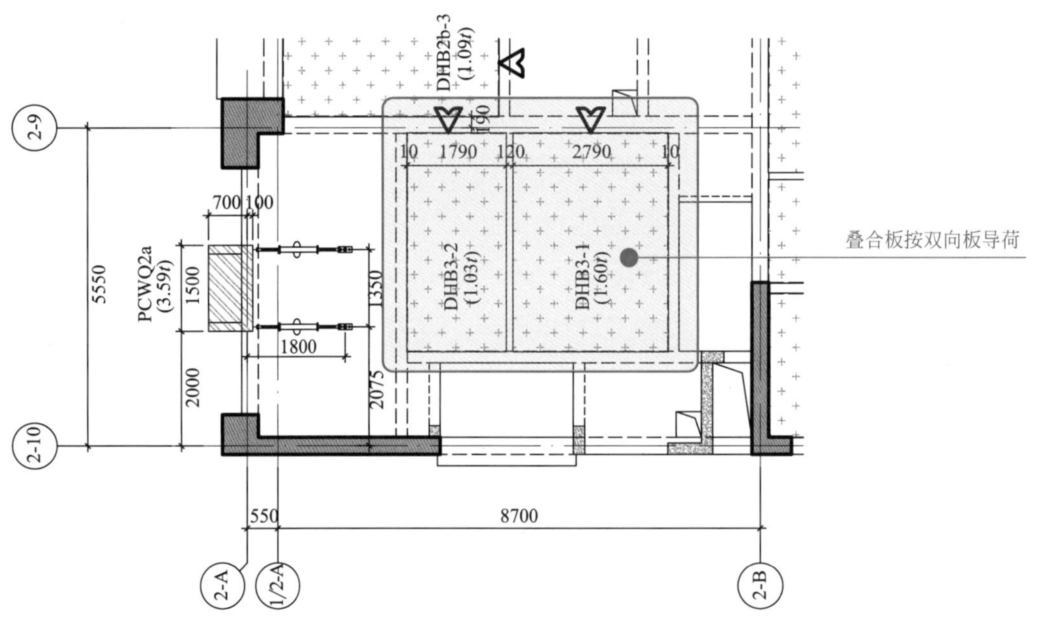

图 2.3.8　结构计算模型楼板导荷方式错误

应对措施：

叠合板设计条件图中应注意构造与实际是否符合，如果是单向板的构造做法，应在结构计算模型中相应修改叠合楼板的导荷方向，并且校对好结构模型，避免叠合板的分析计算，以及配筋结果的不准确。

问题【2.3.9】

问题描述：

框架核心筒结构角部在无封闭框架梁的前提下还采用叠合楼板，导致结构受力不合理，在地震作用下容易发生拉裂等问题（图 2.3.9）。

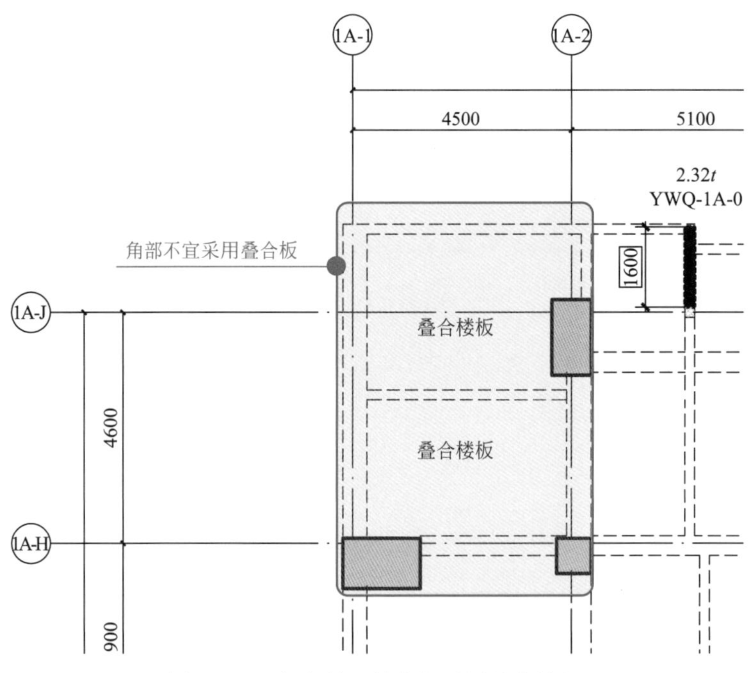

图 2.3.9　框架核心筒角部采用叠合楼板

原因分析：

按照规范要求，框架核心筒结构的外框架梁应连续且封闭。该处框架梁不封闭，采用悬挑方式，应采取加强措施处理。采用叠合楼板在构造上难以满足比现浇更严的加强措施，并且叠合楼板的整体性能比现浇弱，在地震作用下结构角部的位移和变形较大，存在该部位叠合楼板拉裂的风险。

应对措施：

1）更换该处的叠合楼板，改为现浇楼板，同时对角部结构采用必要的加强措施。

2）有条件时宜加斜向框架梁，连接外框柱，来形成连续和封闭的外框架梁，从而提高整体结构和角部的抗震性能。

3）无条件时至少应适当加大框架核心筒结构角部的板厚，同时增加斜向暗梁连接角部的两根外框柱，以提高结构的整体性能。

问题【2.3.10】

问题描述：

在预制叠合楼板设计中，底部钢筋无有效连接（不能沿叠合板宽度方向导荷），而实际计算中又是按照该方向进行传力设计的。

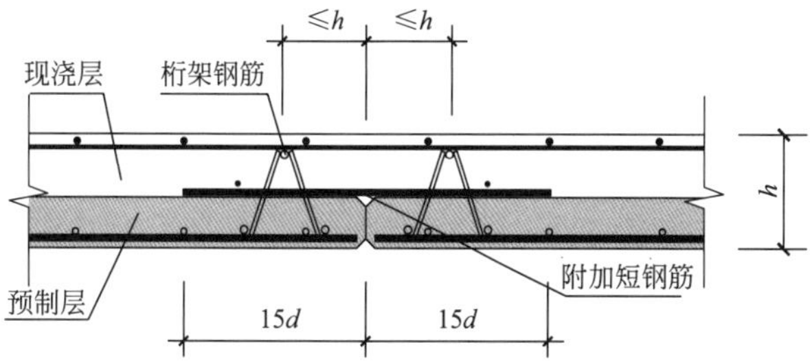

图 2.3.10 叠合板拼缝钢筋示例图

原因分析：

密缝拼接的叠合板，该构造的底部钢筋有效连接不够，因此叠合板密缝拼接处底部不能传导拉应力，无法实现沿叠合板宽度方向弯矩传递，影响了叠合楼板的受力性能和传导楼面荷载的方向。该密缝拼接部位的叠合楼板受到弯矩作用时会导致楼板底部开裂（图 2.3.10）。

应对措施：

1）采用沿叠合板长度方向单向导荷的楼面结构布置方式，应避免叠合板沿宽度方向的受力。

2）叠合板的密缝拼接部位应设置在楼板承受较大弯矩的部位，应避免叠合板在密缝拼接部位出现较大拉应力。

3）如果必须按此构造设计，应仅按照现浇层厚度核算楼板是否可以承担该方向的弯矩，并核对现浇混凝土板与预制板之间的附加钢筋是否满足计算要求。

问题【2.3.11】

问题描述：

叠合楼板现浇层厚度不足，管线安装困难（图 2.3.11）。

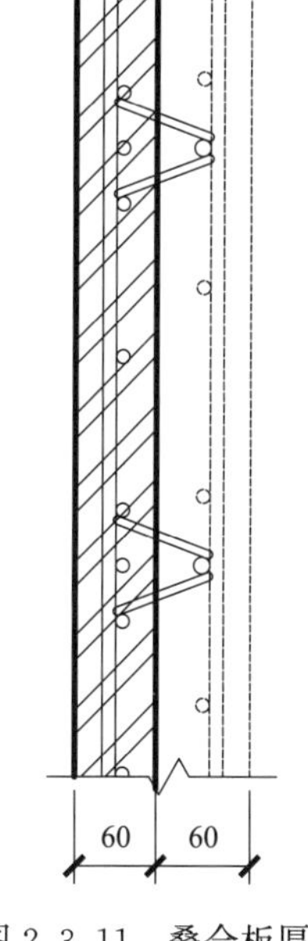

图 2.3.11 叠合板厚度及钢筋布置示例图

原因分析：

对于普通住宅建筑，部分业主为节约造价，要求叠合楼板的现浇层采用 60mm。由于在楼板中一般无法避免两层管线的交叉，可能会导致楼板现浇层厚度不足而引起的管线安装困难。此时叠合楼板的现浇层厚度计算：20mm×2（两层电管）＋15mm（保护层厚度）＋6mm（叠合板粗糙面、误差）＝61mm，因此叠合楼板的现浇层厚度不宜小于 70mm。

应对措施：

在楼板中安装管线较多部位采用厚度为 80mm 现浇层，或者在局部管线较少且无交叉的部位采用 70mm 现浇层的叠合楼板，从而避免在叠合楼板中因为现浇层厚度不足导致的管线安装困难；采用机电管线与主体结构分离是彻底解决该问题的有效途径之一。

问题【2.3.12】

问题描述：

传料孔设置不合理，吊装造成叠合板开裂（图 2.3.12）。

图 2.3.12　传料孔设置不合理

原因分析：

由于设置传料孔的长边方向与叠合板桁架钢筋垂直，使得桁架钢筋在传料孔洞口处被切断。其中，叠合板的桁架钢筋具有增加预制叠合板在制作、运输、吊装等作用下的刚度的作用。在吊装及施工环节，由于在传料孔洞口处桁架钢筋被切断，使得该处叠合板的刚度减小，缺少桁架钢筋的加强作用，容易造成叠合板在开洞部位的开裂。

应对措施：

协调传料孔开洞的长边方向与叠合楼板桁架钢筋的方向一致，避免叠合板的桁架钢筋被打断，从而避免由于桁架钢筋被切断而导致的叠合板刚度减小和吊装施工时叠合楼板开裂。

问题【2.3.13】

问题描述:

采用预制楼梯板时，对于楼梯间处剪力墙可能会通高无水平支撑而导致墙体失稳屈曲，造成结构安全隐患（图2.3.13）。

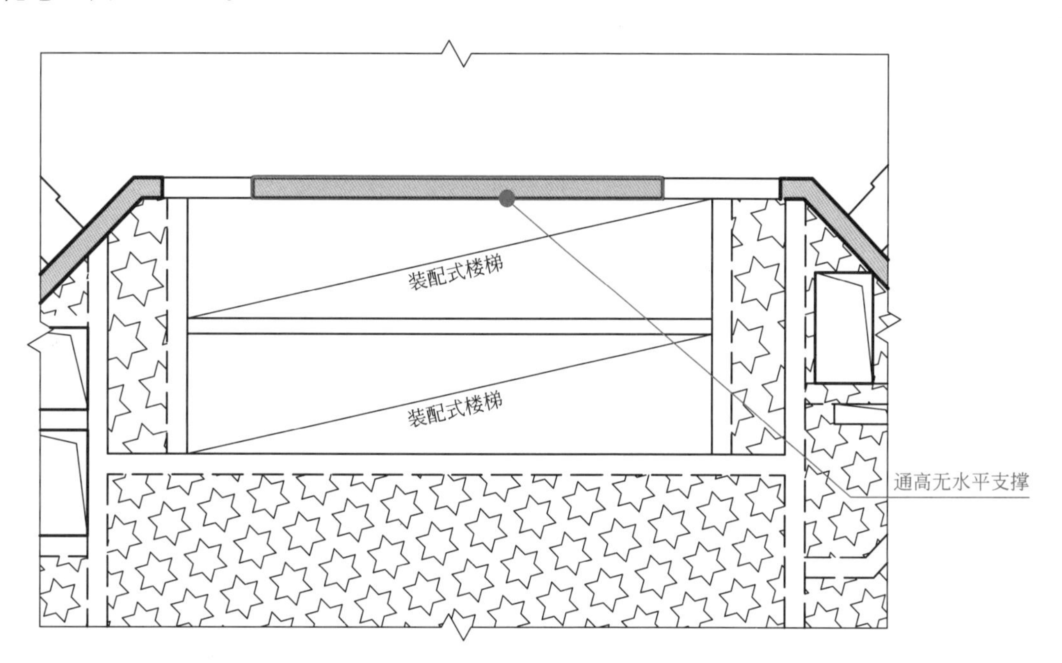

图2.3.13 预制楼梯间处剪力墙通高无水平支撑

原因分析:

预制楼梯与楼梯间外侧墙体的连接较为薄弱或者无连接，预制楼梯对剪力墙的约束和支撑作用较为薄弱，此时楼梯间处剪力墙在楼面处没有可靠的侧向约束和支撑，从而加大楼梯间剪力墙的计算高度，导致墙体稳定性不满足结构要求，而结构整体计算模型中又不能真实反映其受力状态。

应对措施:

1）加强楼梯间与剪力墙连接的连梁，楼梯间窗洞尺寸尽量小。

2）薄弱连接区域楼梯间，当需要提高中部楼电梯间完整性以便水平作用的传递时，不宜设计为预制楼梯，现浇楼梯尚应与剪力墙可靠连接。

3）调整楼梯间窗洞位置，形成L型剪力墙。

4）在楼梯间剪力墙增设墙垛，加强剪力墙的稳定性，对应墙垛增设拉梁。

5）通过有限元分析计算来复核楼梯间的剪力墙稳定性。

6）楼梯间不设混凝土墙体，设置混凝土梁+墙板的结构形式。

问题【2.3.14】

问题描述:

预制楼梯间防火墙按照传统现浇楼梯做法设计成宽度不同的两种梯段，导致预制楼梯标准化程度降低（图 2.3.14-1），结构设计未考虑预制楼梯的支座情况，仍然按现浇楼梯方式进行设计。

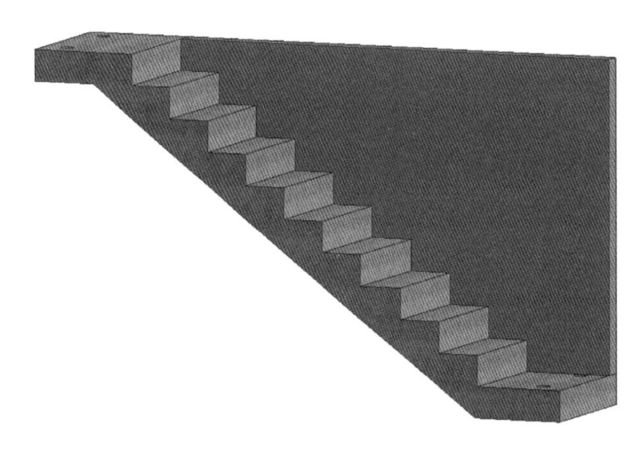

图 2.3.14-1 隔墙设置在带滑动支座预制楼梯板上示意

原因分析：

设计人员未考虑预制楼梯的滑动特殊性，楼梯间分隔墙直接放置在可滑动的楼梯板上，存在安全风险。

应对措施：

设计应考虑并清楚表达楼梯内隔墙位置以确保设计图纸与实际施工情况一致。需要注意以下问题：

图 2.3.14-2 剪刀梯隔墙建议做法

在梯板之间设置楼层梁，内隔墙直接放置在楼层梁上（图 2.3.14-2）。

问题【2.3.15】

问题描述：

预制楼梯梯段板端部支座设计计算不符合实际情况，属于铰接的却按照固端方式计算进行，导致配筋结果与实际受力不符合，带来安全隐患（图 2.3.15）。

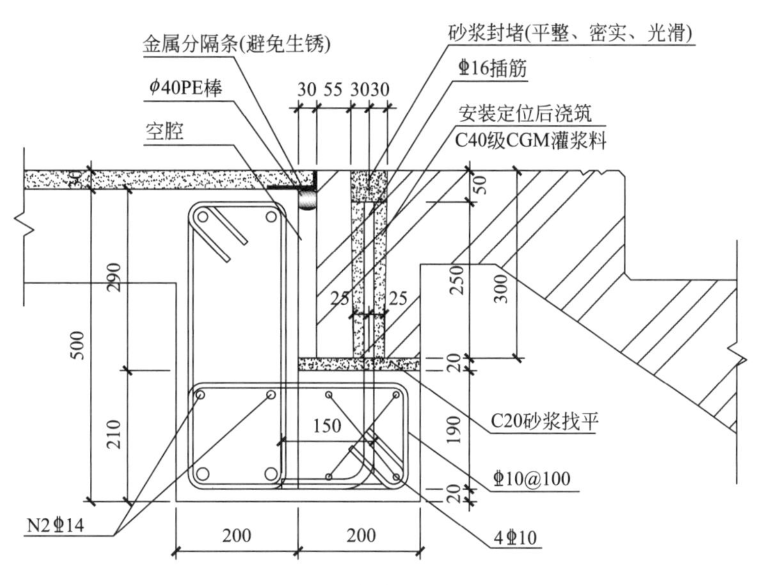

图 2.3.15　预制楼梯梯段板支座图

原因分析：

预制楼梯梯段板的计算仍沿用了现浇钢筋混凝土楼梯梯段板的普通弹性边界算法，但预制楼梯梯段板的端部支座一般应为铰接构造，与现浇钢筋混凝土楼梯梯段板的边界条件不同，因此预制楼梯梯段板的内力计算结果也会有所不同。预制楼梯梯段板的两端为铰支座，与整体现浇的钢筋混凝土楼梯相比，其两端没有承受负弯矩，梯段板跨中弯矩会比现浇楼梯板的大，从而导致预制楼梯梯段板的面筋和底筋的计算结果与现浇混凝土楼梯不同。

应对措施：

采用合理的计算假定模拟支座受力，使之与实际受力相匹配；在装配式方案设计时宜避免采用较长的预制楼梯梯段板，合理设计预制梯段板的跨度。或设置现浇平台梁，加强预制梯段板与平台梁的连接节点，使得预制梯段板在端部支座能够传递一定的负弯矩。

2.4　施工图问题

问题【2.4.1】

问题描述：

主体结构施工图设计计算参数及荷载未考虑预制构件的影响。

原因分析：

装配式结构的部分条件考虑不全，导致主体结构（尤其是基础）存在安全隐患，或造成后续大量的修改复核工作。装配式结构中的预制构件对主体结构的刚度、自振周期、支撑、受力变化，以及地震反应等具有一定影响，在主体结构进行设计计算，以及施工图设计中需要进行考虑。

应对措施：

1）施工图设计应与装配式设计同步配合，考虑装配式构件对主体结构荷载、刚度等参数的影响。

2）预制外墙对主体结构具有约束作用，使得结构刚度增加，自震周期变短，在进行结构模型计算时，需要选取合适的周期折减系数，并且将预制外墙的质量计入参与结构地震反应。

3）预制楼梯具有斜撑的受力作用，在模型计算分析时需要进行考虑。

4）预制阳台不考虑对主体结构刚度的影响，但是需要计入质量参与结构地震反应。

问题【2.4.2】

问题描述：

现浇构件与预制构件间存在高差或错位，影响建筑外观和空间（图 2.4.2）。

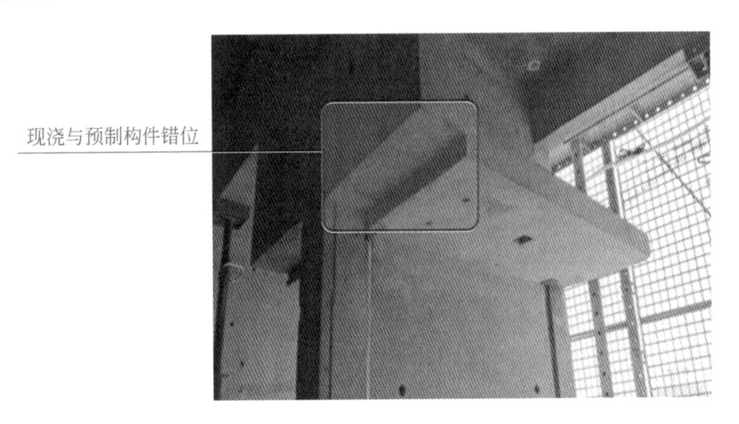

图 2.4.2　现浇与预制构件错位图

原因分析：

在结构施工图设计中未考虑现浇结构与预制构件的位置和连接关系，忽略了现浇层与预制构件交接的过渡区域节点设计。在施工时，由于预留的现浇结构与预制构件连接的过渡区不合理，导致预制构件安装不精确或者安装困难，从而造成了现浇构件与预制构件间存在高差或错位。

应对措施：

1）加强主体设计、构件深化设计与铝模设计的配合，重点或复杂部位增加大样表达。

2）设计应提前考虑现浇结构与预制构件交接位置的细节处理，应在施工图中给出详细的现浇层与预制构件层交接位置过渡区域的节点做法，并且在连接部位预留合适的过渡区域尺寸，保证预制混凝土构件能够正常顺利安装施工。

问题【2.4.3】

问题描述：

预制外墙板（凸窗、下挂板）与外围现浇主体结构交接处，结构模板平面图没有表达现浇构造柱，造成现场施工现浇构造柱缺失，以及预制外墙板与主体结构的连接出现问题（图 2.4.3）。

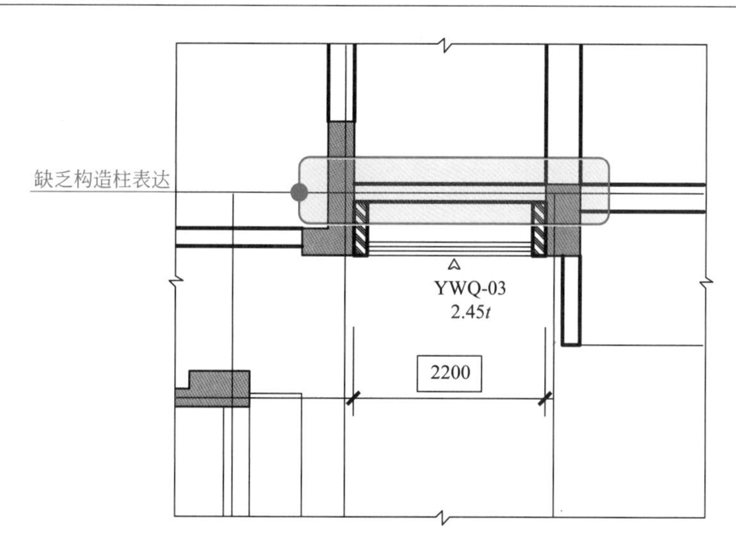

图 2.4.3　平面模板图缺少表达

原因分析：

预制外墙板与外围现浇主体结构交接处，需要通过现浇构造柱进行连接。由于设计人员忽视结构模板平面图中预制外墙板与现浇主体结构的连接方式，对预制外墙板与现浇主体结构连接的节点构造不熟悉，导致在图中未表达现浇构造柱。

应对措施：

1）结构模板平面图中增加表达预制构件与主体连接水平节点，注意外围护墙体现浇构造柱设置情况。

2）对结构模板平面图中预制外墙板与外围现浇主体结构交接处设置现浇构造柱的情况及时进行校对和补充。

问题【2.4.4】

问题描述：

次梁布置时尽量保持左右两块板能尺寸平均，避免拆分叠合板时增加构件种类。

原因分析：

在装配式建筑叠合楼板的设计中，叠合楼板的构件种类应尽量少，以方便预制构件的批量化生产，以及叠合楼板的拆分设计。由于结构设计人员对叠合板拆分原则不了解，不能很好地控制拆分叠合板的构件尺寸，会导致叠合板构件种类增多，给装配式结构叠合楼板的设计，以及构件的生产和施工带来一定麻烦。

应对措施：

1）将次梁居中布置，使得次梁左右两侧的叠合板尺寸一致，减少拆分叠合板的构件尺寸种类。

2）整体结构平面布置应规则，开间和进深尺寸尽量统一，符合叠合楼板构件标准化生产和布置的要求（图 2.4.4）。

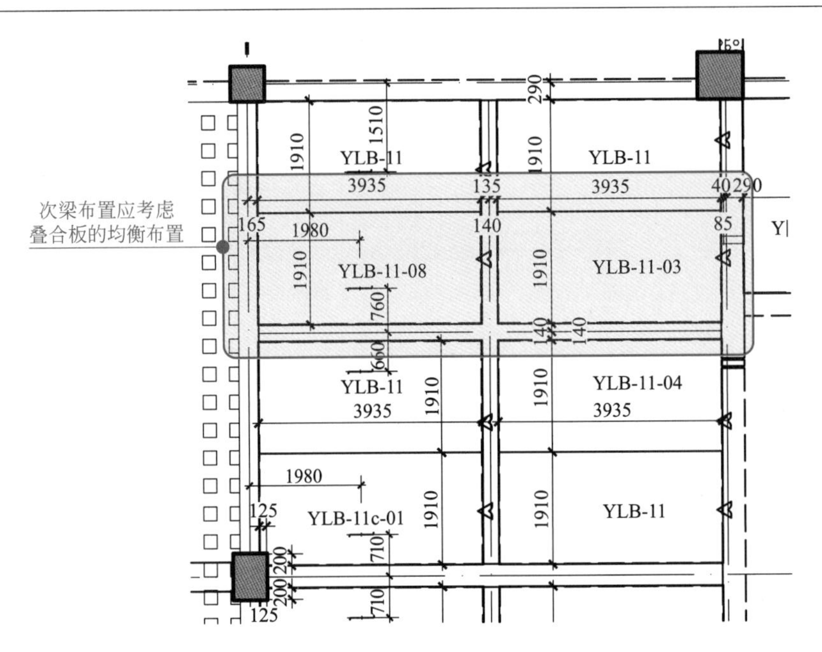

图 2.4.4　叠合楼板应均衡布置

问题【2.4.5】

问题描述：

预制阳台外边缘与预埋件同宽，不满足栏杆埋件尺寸要求（图 2.4.5）。

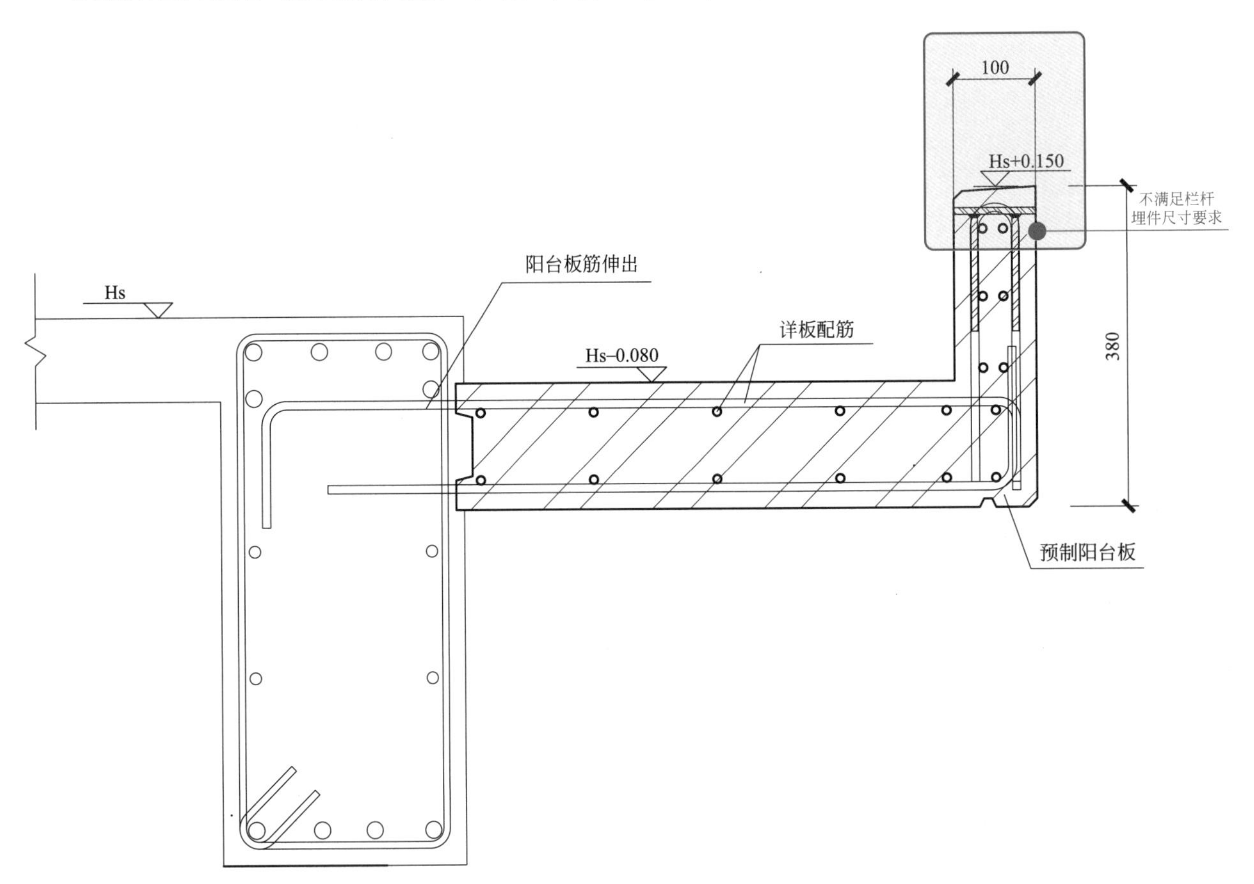

图 2.4.5　阳台栏杆埋件尺寸不符合要求

原因分析：

设置预制阳台反坎宽度时，未考虑阳台栏杆埋件设置的最小宽度，导致预制阳台反坎宽度小于栏杆埋件设置的最小宽度，在反坎上无法放置栏杆埋件。

应对措施：

1）预制阳台外边缘反坎宽度应大于埋件宽度。

2）对预制阳台外边缘反坎表面进行凿毛，然后采用同等级混凝土进行浇筑，以达到栏杆埋件设置的最小宽度要求。

3）绘制阳台外边缘反坎宽度设计时，应结合建筑设计的需求，充分考虑反坎宽度是否满足栏杆埋件尺寸要求，并且及时校对和修改。

4）建议采用非焊接方式固定阳台栏杆。

问题【2.4.6】

问题描述：

叠合板设计多设附加筋（图2.4.6）。

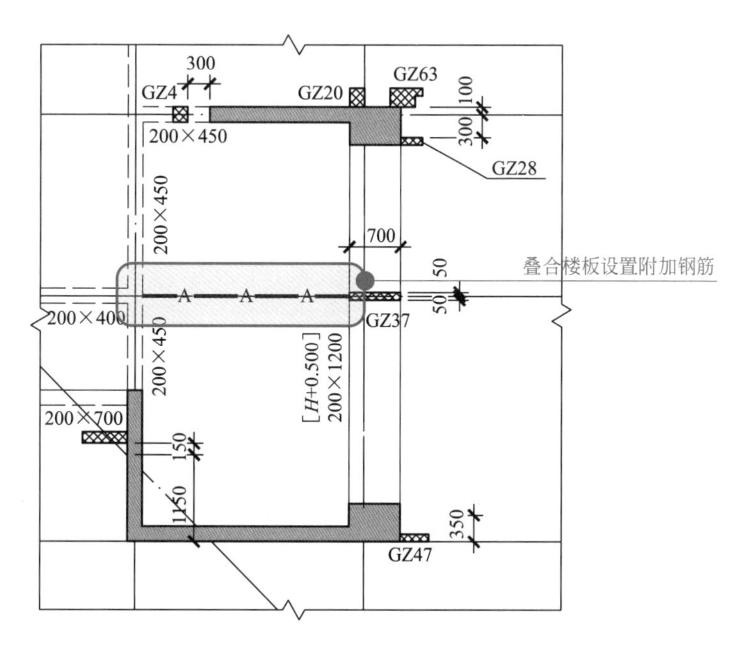

图2.4.6 叠合板附加钢筋设置不合理

原因分析：

附加钢筋是设计受力钢筋承载力不足而另外添加的钢筋，分为附加纵向和附加横向钢筋。主体结构设计时，按传统做法在墙体位置的楼板设置了附加筋，附加筋的设置不利于叠合板加工。对于叠合板来说，板厚较大，而跨度较小，承载力足够时可不设置附加筋。

应对措施：

验算叠合板的强度，对于跨度较小、楼面荷载不大，并且受力钢筋满足承载力需求的叠合楼板可取消附加筋。

问题【2.4.7】

问题描述：

预制叠合楼板角部附加筋采用的是放射钢筋。

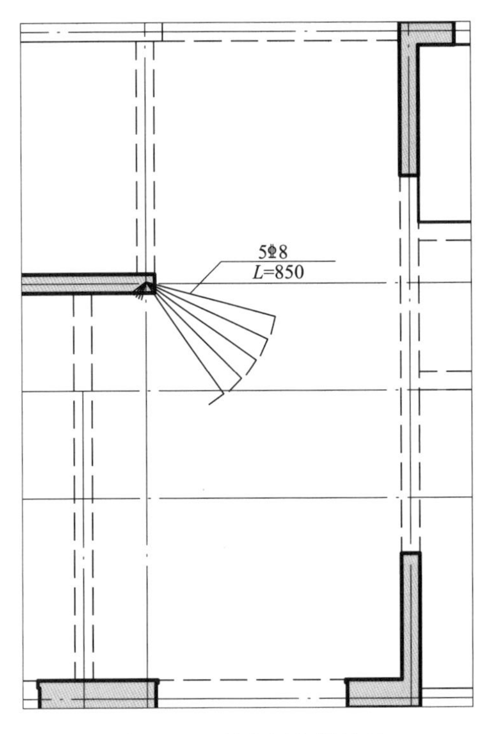

图 2.4.7　叠合板角部处理

原因分析：

按传统做法，习惯性在楼板角部设置放射钢筋，放射筋一般布置在屋面板挑出部分的四个角处，呈放射状布置，在挑檐板转角、外墙阳角、大跨度板的角部等处，这些地方容易产生应力集中，造成混凝土开裂。此时面层有两层钢筋，在预制叠合楼板角部设置放射钢筋时会导致上层钢筋的保护层厚度不够。

应对措施：

应采用正交设置的附加筋来代替设置放射钢筋，避免上层钢筋的保护层厚度不足（图 2.4.7）。

问题【2.4.8】

问题描述：

构件详图中配筋图标记钢筋与钢筋明细表不一致（图 2.4.8）。

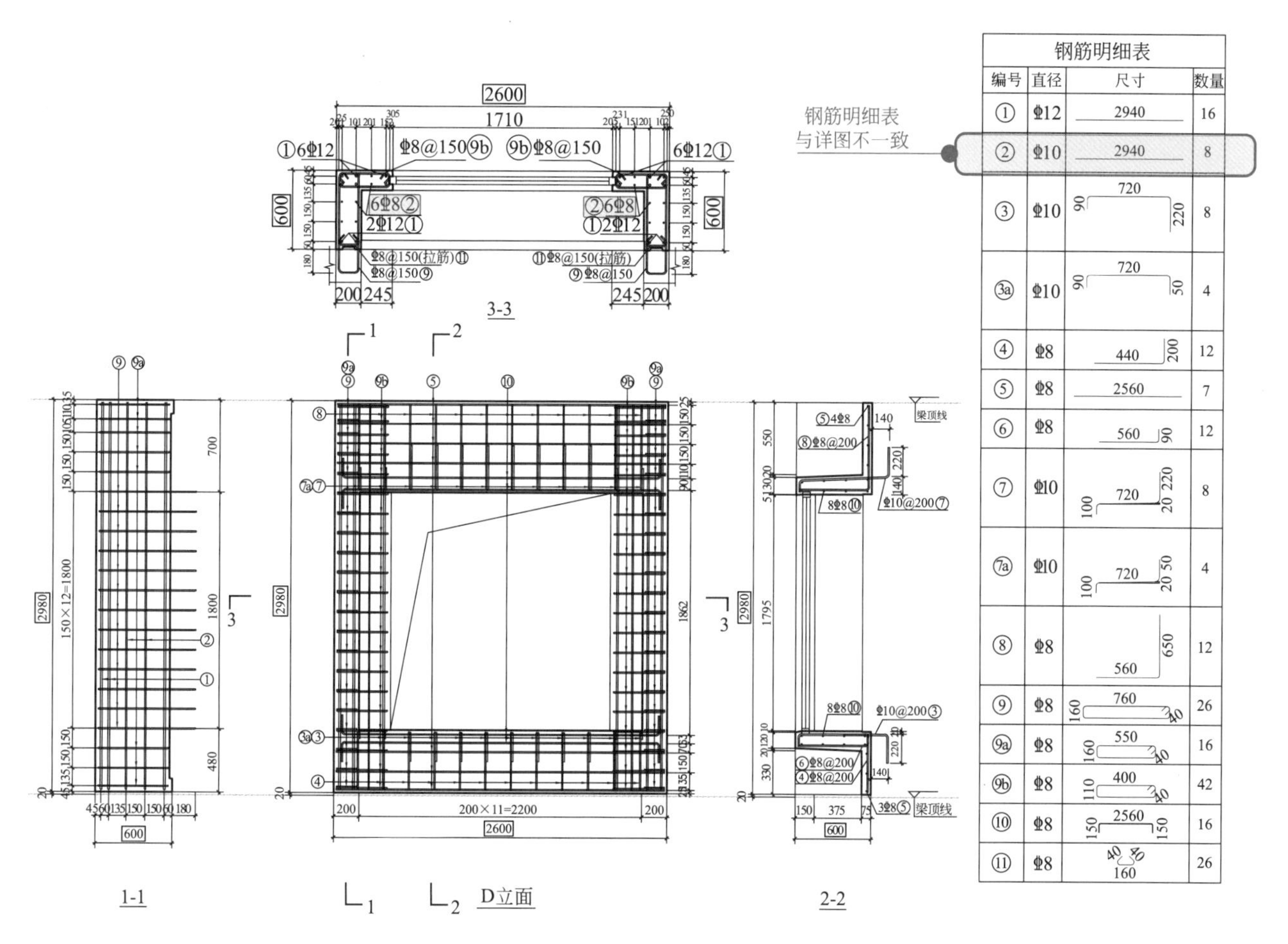

钢筋明细表			
编号	直径	尺寸	数量
①	Φ12	2940	16
②	Φ10	2940	8
③	Φ10	90 720 220	8
③a	Φ10	90 720 50	4
④	Φ8	440 200	12
⑤	Φ8	2560	7
⑥	Φ8	560 90	12
⑦	Φ10	100 720 20 220	8
⑦a	Φ10	100 720 20 50	4
⑧	Φ8	560 650	12
⑨	Φ8	160 760 40	26
⑨a	Φ8	160 550 40	16
⑨b	Φ8	110 400 40	42
⑩	Φ8	150 2560 150	16
⑪	Φ8	40 40 160	26

图 2.4.8　施工图表达错误

原因分析：

由于设计人员失误，将预制构件主受力钢筋在配筋表中标识过小，导致构件的承载力不足，具有安全隐患。

应对措施：

1）复核主体施工图配筋及构件配筋详图，尤其主要复核受力钢筋配筋，避免钢筋在图中标记和明细表中不一致。

2）设计人员应及时校对和修改图纸的错误，避免产生设计问题。

3）采用新的技术手段，如自动成图技术。

问题【2.4.9】

问题描述：

剪刀梯按预制梯段设计时，未考虑梯段间隔墙的做法及荷载（图 2.4.9）。

原因分析：

在楼梯结构剖面图中简单地把楼梯进行交叉并列布置表示，没有表达出梯段间的隔墙，而深化

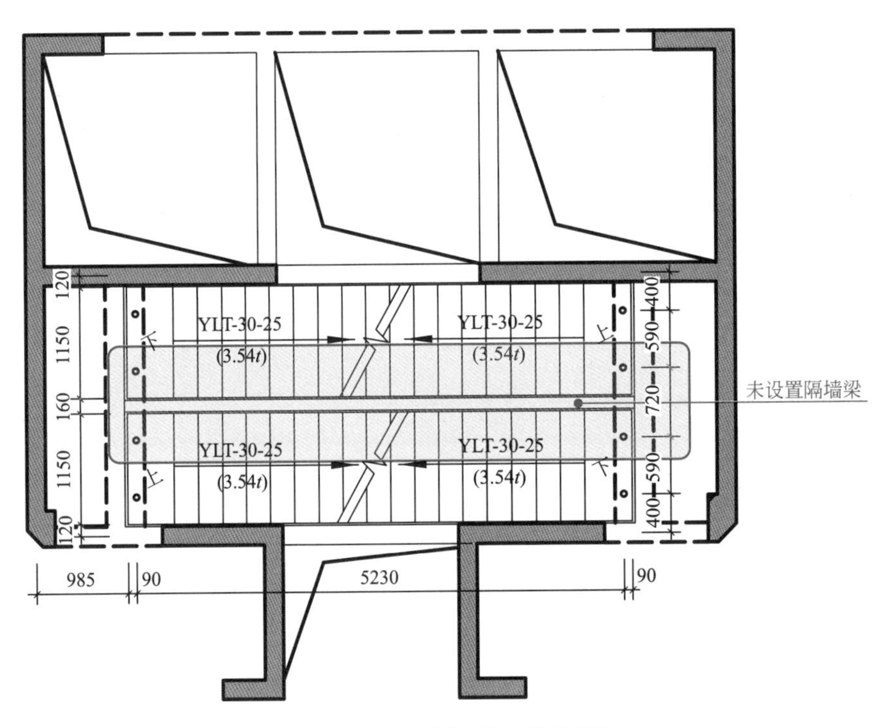

图 2.4.9　预制剪刀梯未设置隔梁

设计人员仅关注预制梯段，从而忽略了梯段间隔墙在结构上的安装做法，以及隔墙荷载对楼梯结构的作用。

应对措施：

梯段做成等宽，楼层设计隔墙梁，隔墙安装在隔墙梁上。主体结构平面图中应示意出楼梯及隔墙梁的看线，并且考虑隔墙荷载对隔墙梁进行设计和计算。

问题【2.4.10】

问题描述：

预制楼梯到顶层屋面，其预制楼梯的牛腿按照通常设计，导致无楼梯段的平台标高有差异，建筑需要二次回填，且不好施工（图 2.4.10）。

原因分析：

1）设计人员对预制楼梯与现浇结构的交接处及周边相关区域的处理不当，或者是考虑不周。

2）设计人员忽略了在顶层屋面的楼梯平台只有向下的一跑楼梯，另一侧无楼梯梯段，与其他标准层楼梯平台的梯段布置不同，从而导致了在顶层平台的预制楼梯段与楼梯平台连接的不合理。

应对措施：

1）无预制楼梯搭设的那一段平台按照常规现浇板同平台标高伸出梁边至建筑边界即可。

2）应对预制楼梯与现浇结构的交接处进行考虑和处理，注意预制结构与现浇结构连接合理，避免出现高差，在施工图中应给出连接节点的大样图。

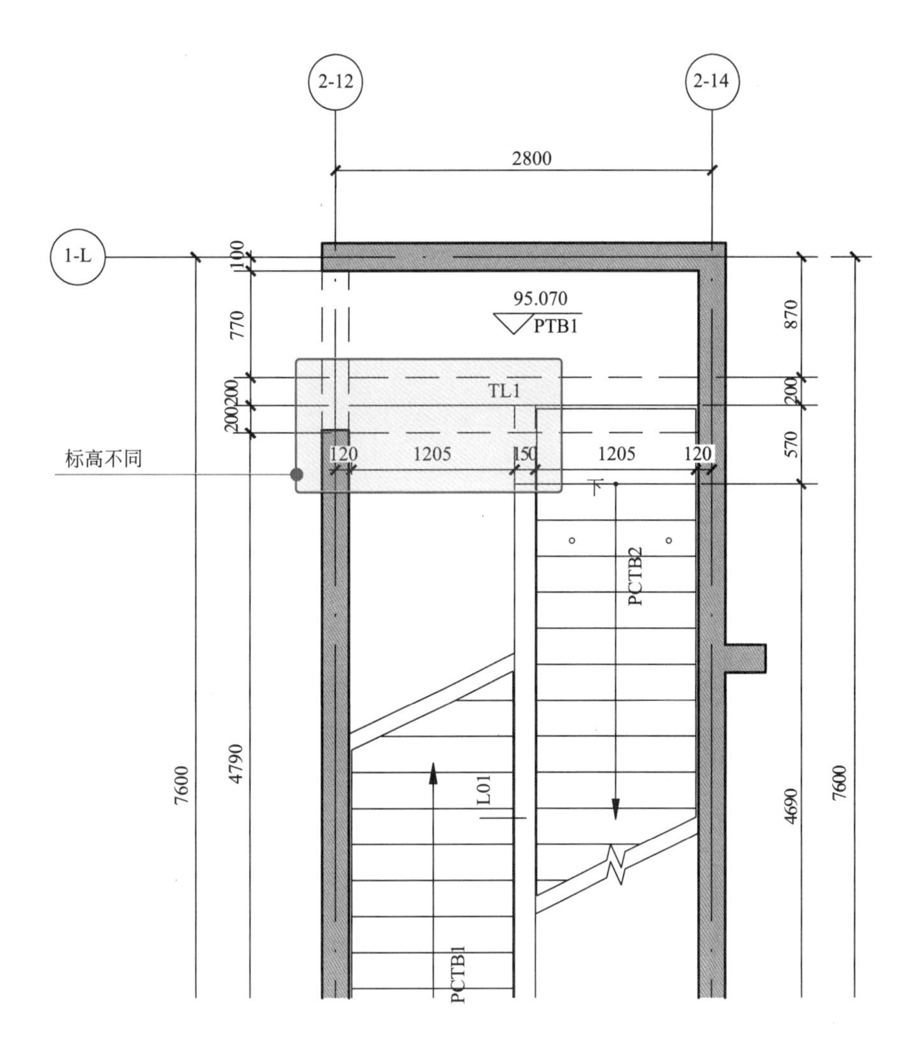

图 2.4.10　预制楼梯牛腿设计不合理

问题【2.4.11】

问题描述：

外墙非承重现浇混凝土与承重混凝土之间出现斜向裂缝，尤其是在洞口四角（图 2.4.11-1、图 2.4.11-2）。

原因分析：

1）由于非承重现浇混凝土外墙与承重混凝土外墙同时浇筑，非承重混凝土部分采取措施减少对主体结构的影响，但如果不采用措施，两者交界处极易开裂，尤其是洞口四角，在温度作用下容易产生应力集中的部位，且又是结构的薄弱部位，因此容易产生斜向裂缝。

2）施工时，钢筋放置过低使得顶部钢筋保护层厚度偏大，或者施工养护不到位也容易导致该位置出现裂缝。

应对措施：

1）在洞口四角加斜向抗裂钢筋，无洞口整片墙相连时也应注意将外墙非承重现浇混凝土与承

图 2.4.11-1 外墙非承重现浇混凝土与承重混凝土之间出现斜向裂缝

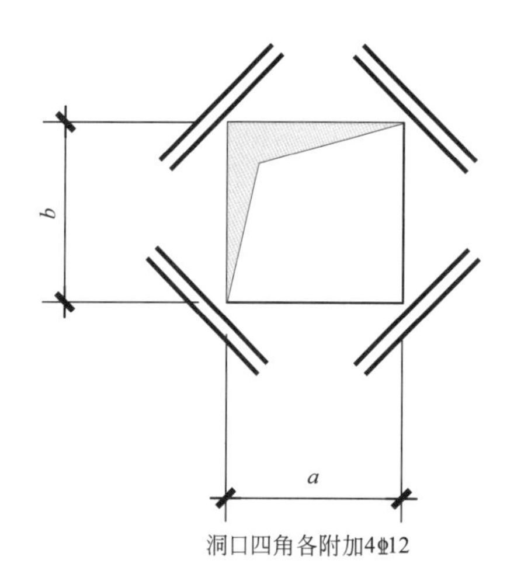

图 2.4.11-2 洞口四角斜向抗裂钢筋

重混凝土之间的水平钢筋互相锚固。

2）提高施工质量，确保混凝土养护到位。

问题【2.4.12】

问题描述：

钢筋混凝土结构体系中水平构件采用钢筋桁架楼承板，节点未采用合理措施防止漏浆，导致现场出现较多漏浆问题。

原因分析：

钢筋桁架楼承板与钢结构体系比较配套，用在钢筋混凝土结构体系上的经验并不多，导致桁架底部与梁和墙交接处的做法没有标准的节点做法可参考，当处理不好时极易出现漏浆。

应对措施：

需要对钢筋桁架楼承板连接部位做专门论证，给出防漏浆的措施（图 2.4.12）。

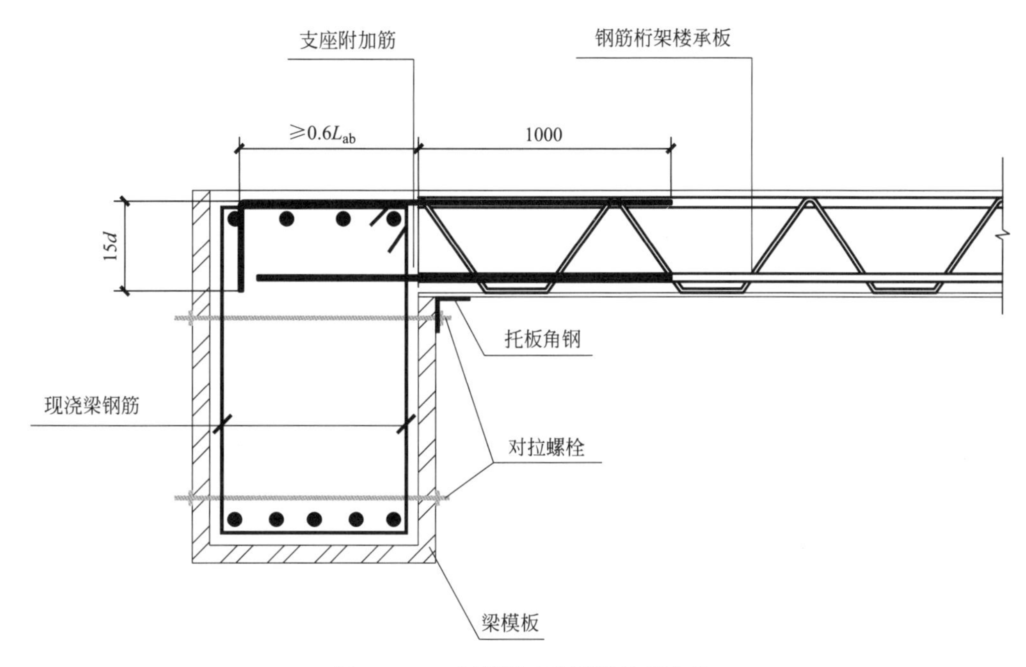

图 2.4.12 钢筋桁架防漏浆处理方法

问题【2.4.13】

问题描述：

开口型或局部薄弱构件未设置临时加固措施，导致脱模、运输、吊装过程中应力集中，构件断裂。

原因分析：

薄弱预制构件未经全工况内力复核，设计人员未考虑构件生产、运输、吊装过程中的受力状况。

应对措施：

1）在构件设计阶段，应按照构件各种最不利工况进行包络设计。

2）开口型或局部薄弱预制构件应在施工过程中采取临时加固措施，或者考虑构件在脱模、运输、吊装等工况下的应力集中来进行设计，避免构件出现断裂。

问题【2.4.14】

问题描述：

现浇层与预制构件过渡层的竖向预埋钢筋偏位或者遗漏，导致竖向预制构件连接不能满足结构设计要求，给结构留下安全隐患。

原因分析：

装配式结构设计时，由于设计人员失误导致预制构件中竖向预埋钢筋的位置和尺寸产生偏差或者遗漏钢筋，未对竖向预制构件连接钢筋数量、位置、规格全面复核，设计校审不认真。

应对措施：

对主体结构设计要求要充分理解消化，对设计连接要求进行复核确认，及时修改和纠正预制构件的竖向预埋钢筋偏位或者遗漏问题，确保预制构件连接能够满足结构设计要求。

问题【2.4.15】

问题描述：

采用预制构件后，建筑、结构专业的施工图纸未反映预制构件相关内容（图 2.4.15）。

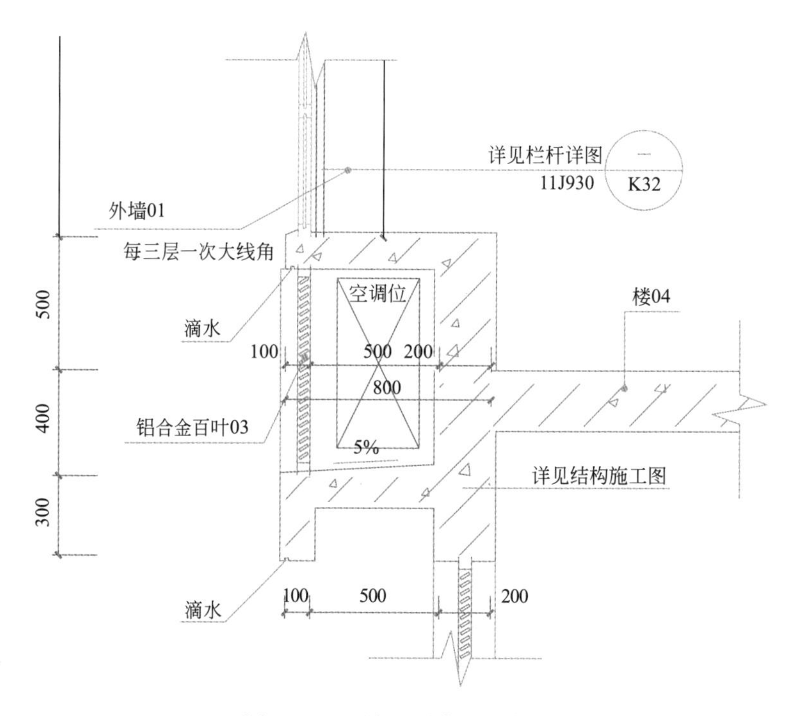

图 2.4.15　施工图表达不全面

原因分析：

此处建筑墙身大样是现浇凸窗的做法，未正确反映采用预制凸窗后的做法。设计人员对预制构件在施工图上的表达不清晰。

应对措施：

1）正确反映采用预制凸窗后的做法，与预制方案一致。

2）预制构件在施工图纸上的表示方法应符合相应装配式建筑或装配式混凝土结构的设计规范和设计图集。

问题【2.4.16】

问题描述：

“装配式建筑”全混凝土现浇外墙＋结构拉缝技术，现浇外墙过长时易开裂，并对结构受力产生不良影响（图 2.4.16）。

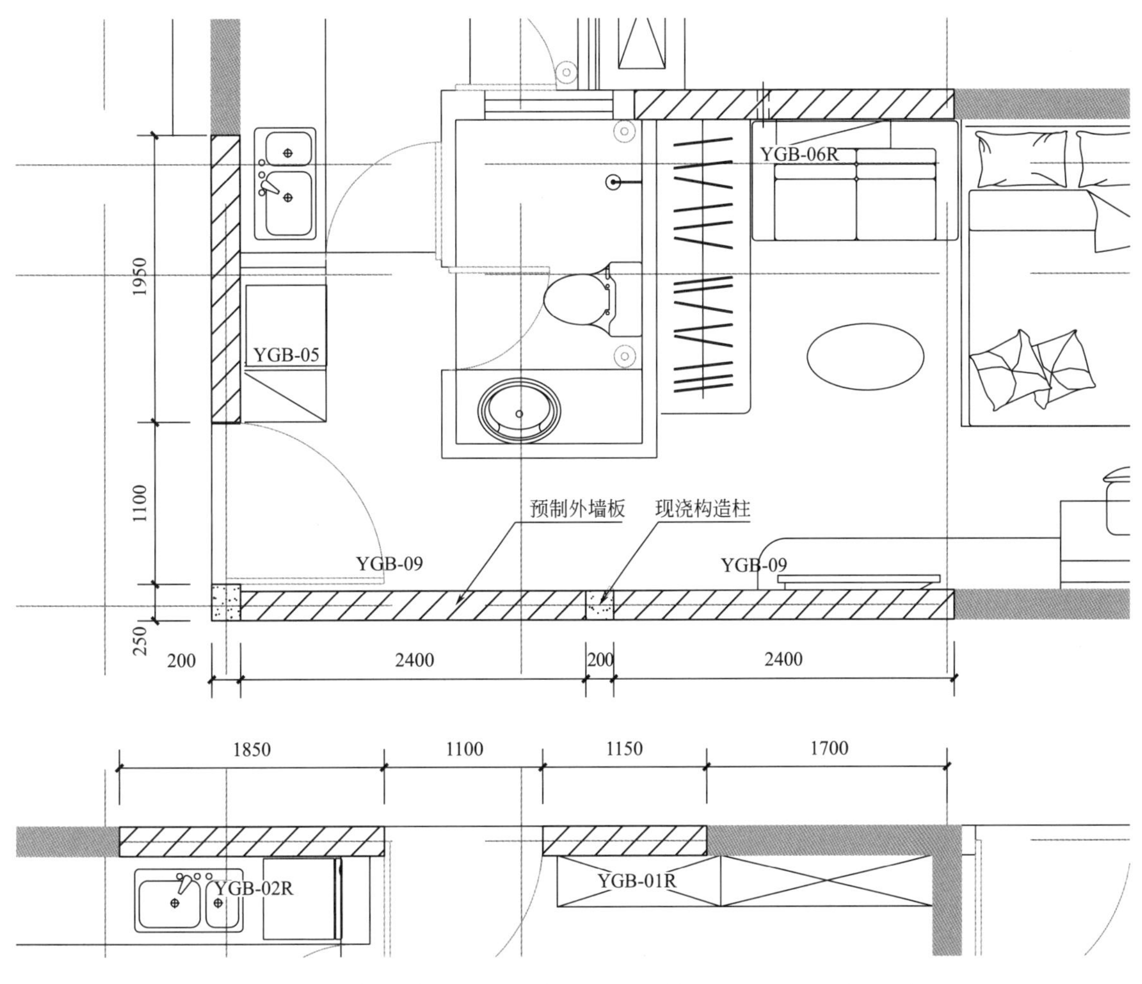

图 2.4.16 现浇外墙过长易开裂，增加预制外墙，中间用构造柱连接

原因分析：

1）现浇混凝土构造外墙过长，现浇体积较大，大量水化热聚集在混凝土内部而不易散发，导致内外温度不均匀，容易产生拉应力，从而导致混凝土表面产生裂缝。

2）现场湿作业操作不规范，施工过程中擅自改变水灰比，导致混凝土硬化收缩量增加，混凝土运输时间过长，水分蒸发过大，引起混凝土塌落度过低，出现不规则收缩裂缝。

3）现浇外墙替代传统砌筑外墙，现浇混凝土容重比传统砌块大，对结构受力产生不良影响。

应对措施：

1）采用剪力墙做法，该做法既保证了混凝土浇筑效果，又实现了现浇混凝土的紧密结合，能够有效减少开裂情况，减少外墙渗水漏水。

2）建议现浇混凝土墙中间合理增加预制外墙板做法，预制外墙板采用标准化设计生产，产品质量有保障，该做法既能够增加竖向预制构件比例，又能减少现场湿作业工程量。

3）结构专业进行结构设计计算时，适当考虑全现浇外墙对结构计算的影响，在设计阶段配合装配式设计优化完善结构设计。

问题【2.4.17】

问题描述：

户内强、弱电箱设置于预制墙体上，若为内隔墙则需要在隔墙上大量开槽留洞，导致预制内隔墙开裂。

原因分析：

1）户内强、弱电箱尺寸较大，出管数量多且集中，而预制外墙均为受力构件，钢筋密集，造成构件模具难以制作，构件良品率低。

2）预制内隔墙较多以 600mm 宽为模数，而强、弱电箱尺寸一般大于 400mm 宽，开槽留洞导致预制内隔墙板极易开裂。

应对措施：

1）建议尽量避免将户内强、弱电箱设置于预制内隔墙墙板上。

2）设置户内强、弱电箱的墙体可改为构造混凝土墙体（图 2.4.17）。

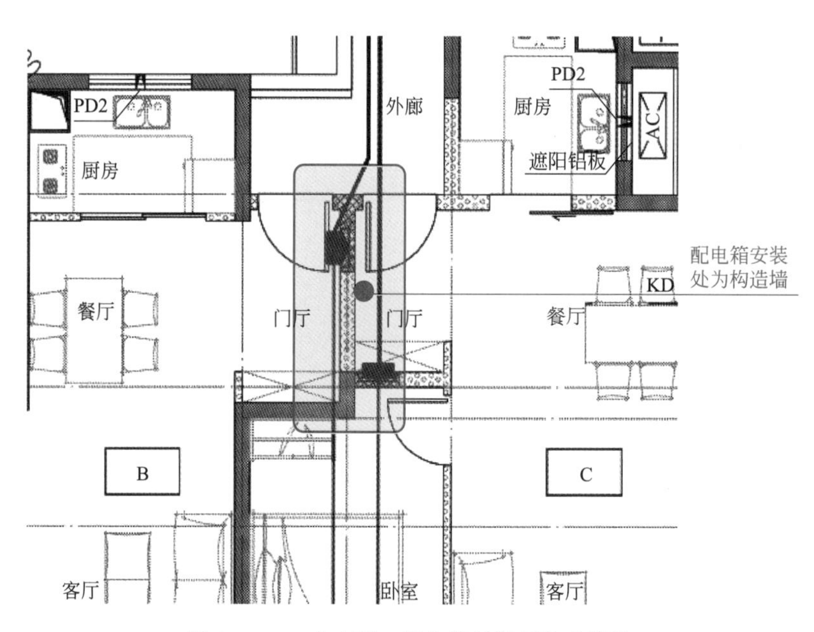

图 2.4.17　户内强、弱电箱处设置构造墙体

2.5　构件深化问题

问题【2.5.1】

问题描述：

预制外墙板深化设计时，未按规范要求在墙板上预留孔洞、孔槽和预埋件等信息及支座键槽等细部尺寸，导致预制构件现场安装完成后，需要进一步施工时，才发现未预留垂直预制外墙板方向的梁支座位置，导致现场在预制外墙上开凿，对预制构件安全性有影响（图 2.5.1）。

图 2.5.1　预制外墙板预留孔洞错误

原因分析：

根据《装配式混凝土建筑深化设计技术规程》DBJ/T 15—155—2019 第 4 章规定，预制外墙板加工图应表达外墙外观尺寸、洞口、线条、企口、支座键槽等细部尺寸，墙板上预留孔洞、孔槽和预埋件等信息。该预制外墙板因构件深化人员在构件深化设计时粗心大意，结构设计人员也未细心进行复核加工图纸，导致预制构件现场安装完成后，需要进一步施工时，才发现未预留垂直预制外墙板方向的梁支座位置。

应对措施：

结构设计人员重新对构件开洞进行构件验算，复核构件安全性并出具开凿部位的加固补强措施方案，施工人员现场在预制外墙板上开凿，并同时进行加固补强措施。

问题【2.5.2】

问题描述：

预制挑板下雨水沿挑板下表面流到外墙面，影响外墙墙面和门窗的整洁，且雨水渗入室内，出现墙面水沿窗户表面流水现象（图 2.5.2）。

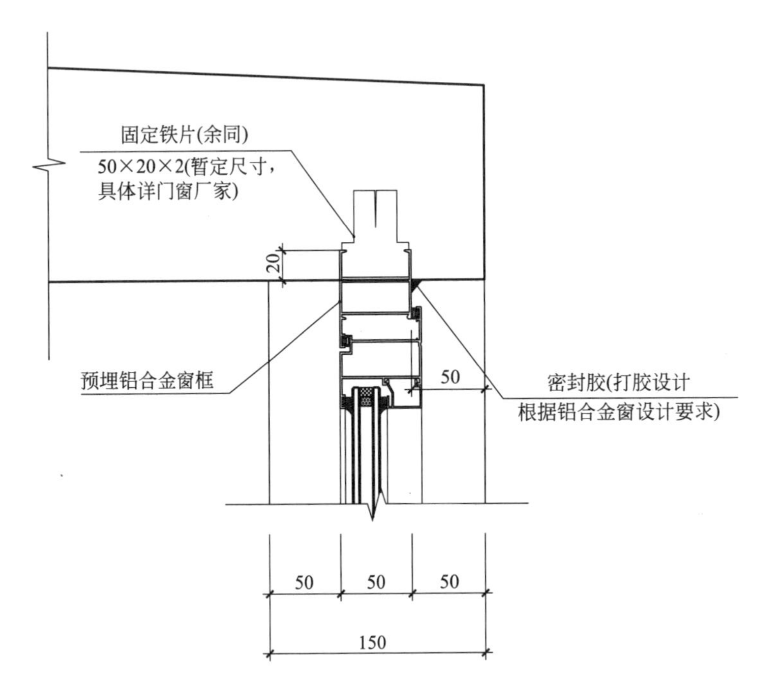

图 2.5.2　预制挑板未设置截水措施

原因分析：

由于设计方缺乏经验等原因而未考虑全面，预制挑板下沿未设计截水措施，或构件生产时漏设置。

应对措施：

设计方应清楚预制挑板构件的截水要求，以及在不影响立面效果等情况下的截水做法，如：企口、滴水等。应在预制挑板设计中补充截水做法和大样图。

问题【2.5.3】

问题描述：

预制凸窗上下口或其他凸出外墙构件未设置滴水线和排水坡，不能有效防止雨水内返（图 2.5.3）。

原因分析：

传统外窗上下口滴水和斜坡构造通常用抹灰层来完成构造，预制混凝土外墙构件或铝模现浇构件不需要抹灰，如果设计未予考虑，构件生产完成后很难补救。

应对措施：

1）在预制构件详图设计中完成细节设计。

2）对于外墙现浇凸出构件，对铝模设计提出要求。

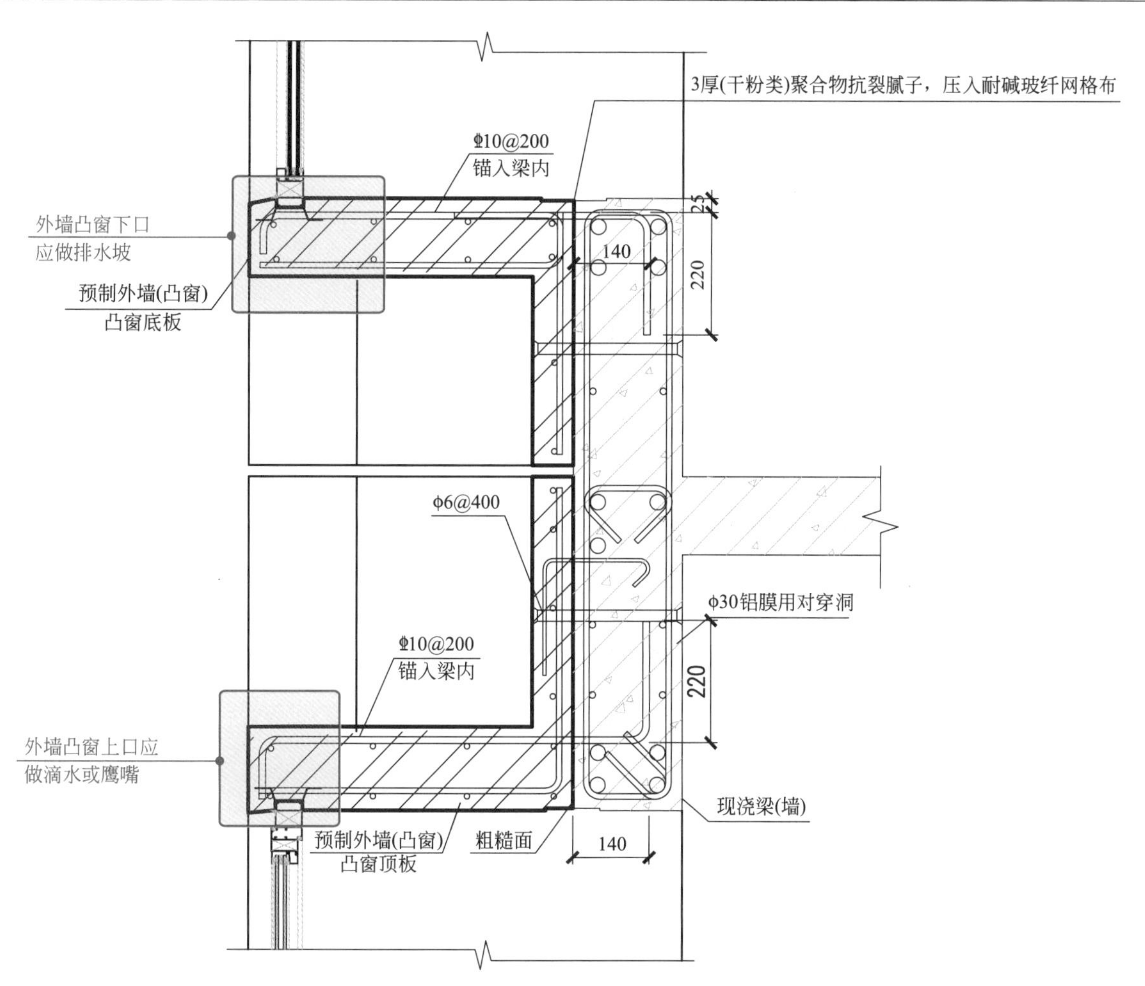

图 2.5.3　预制凸窗上下口示意图

问题【2.5.4】

问题描述：

预制外窗安装采用企口式设计，洞口每边预留安装尺寸超过 10mm，缝隙较大，密封胶填缝过宽，不能保证防水质量，需填塞砂浆后打胶（图 2.5.4）。

图 2.5.4　预制外墙窗企口图片

原因分析：

设计人员按传统外墙抹灰预留外窗安装尺寸每边为 20mm，而预制企口的安装尺寸预留 2～5mm 即可，缝隙过大带来填塞砂浆的湿作业，不但影响防水质量，外观效果也难以保证。

应对措施：

采用预埋副框或预留企口设计方式时，门窗安装尺寸宜预留 2～5mm，以确保安装后的防水效果。

问题【2.5.5】

问题描述：

预制构件与现浇部位连接处未设计抗剪槽或粗糙面，造成受剪承载力不满足规范要求，给结构安全留下永久性隐患（图 2.5.5-1）。

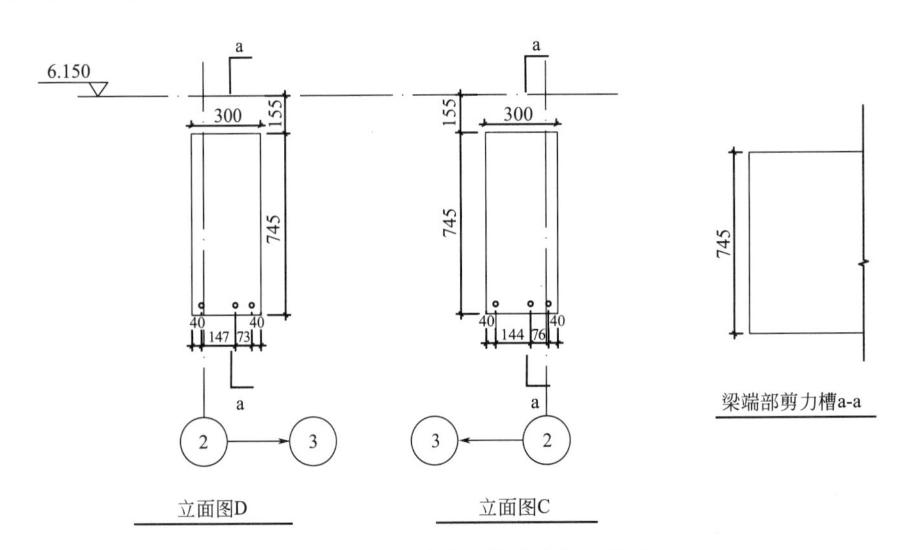

图 2.5.5-1　预制构件连接处未设置粗糙面

原因分析：

根据《装配式混凝土结构技术规程》JGJ 1—2014 第 6.5.5 条要求，预制构件与后浇混凝土、灌浆料、坐浆材料的结合面应设置粗糙面抗剪槽，并符合相应规定，来满足预制构件与现浇混凝土结构的连接设计要求和接缝的抗剪承载力的要求（图 2.3.5-2）。预制构件与现浇部位连接处未设计抗剪槽或粗糙面，影响结合面混凝土结构的受力性能，不能够满足接缝的抗剪设计要求，存在结构安全隐患，结合面可能产生收缩裂缝，甚至开裂渗漏。

应对措施：

1）需在现浇叠合区域附加抗剪钢筋或者在预制层设置粗糙面和抗剪凹槽，并通过验算满足构件抗剪要求。

2）深化设计图纸应该详细表达预制构件的抗剪槽或注明粗糙面做法，并对构件厂进行技术交底，确保预制构件的连接设计和接缝的受剪承载力满足规范要求。

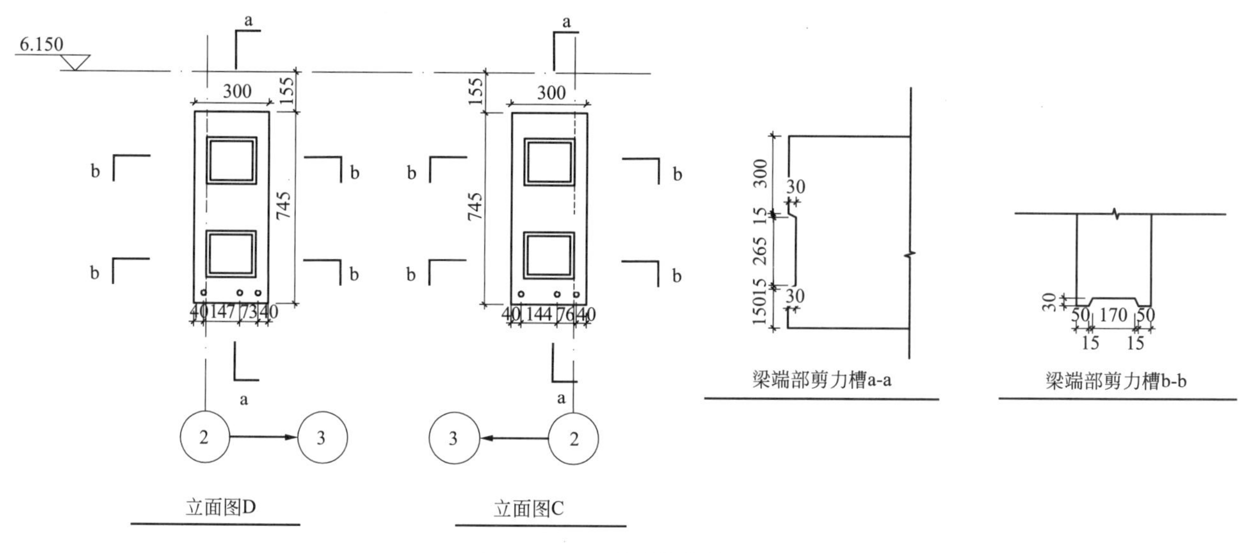

图 2.5.5-2　梁端抗剪键设置

2

问题【2.5.6】

问题描述：

深化设计未整体考虑构件受力情况，忽视竖向构件对水平构件的支座影响（图 2.5.6）。

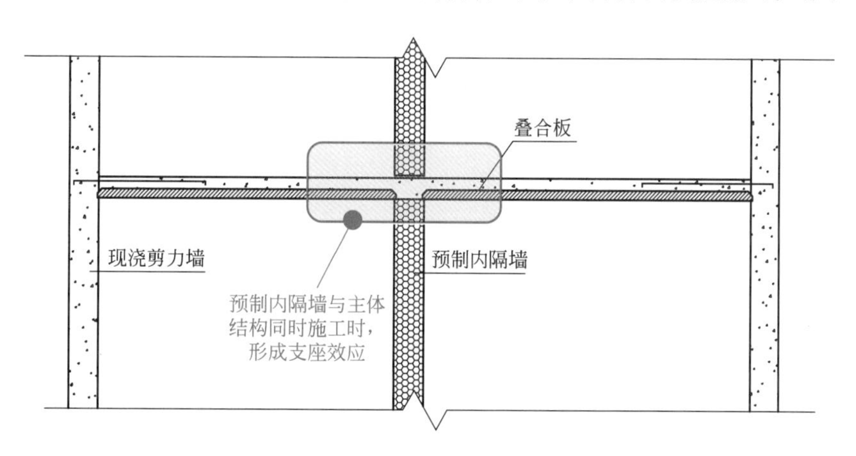

图 2.5.6　忽视竖向构件对水平构件的支座影响

原因分析：

深化设计与主体设计缺少配合，不清楚预制内隔墙的安装时间对叠合板实际受力情况的影响，导致忽略了竖向构件对预制楼板的支座影响。

应对措施：

1. 深化设计时应该了解预制内隔墙的安装时间和水平构件受力情况，深化图纸应经主体设计师复核确认，应考虑竖向构件对叠合板的支座影响。

2. 预制内隔墙考虑二次安装，避免和主体同时施工。

问题【2.5.7】

问题描述：

塔楼与裙房交界位置，板面标高不同且设置结构缝，由于防水原因形成一个封闭空间，挑板节点比较难施工（图 2.5.7）。

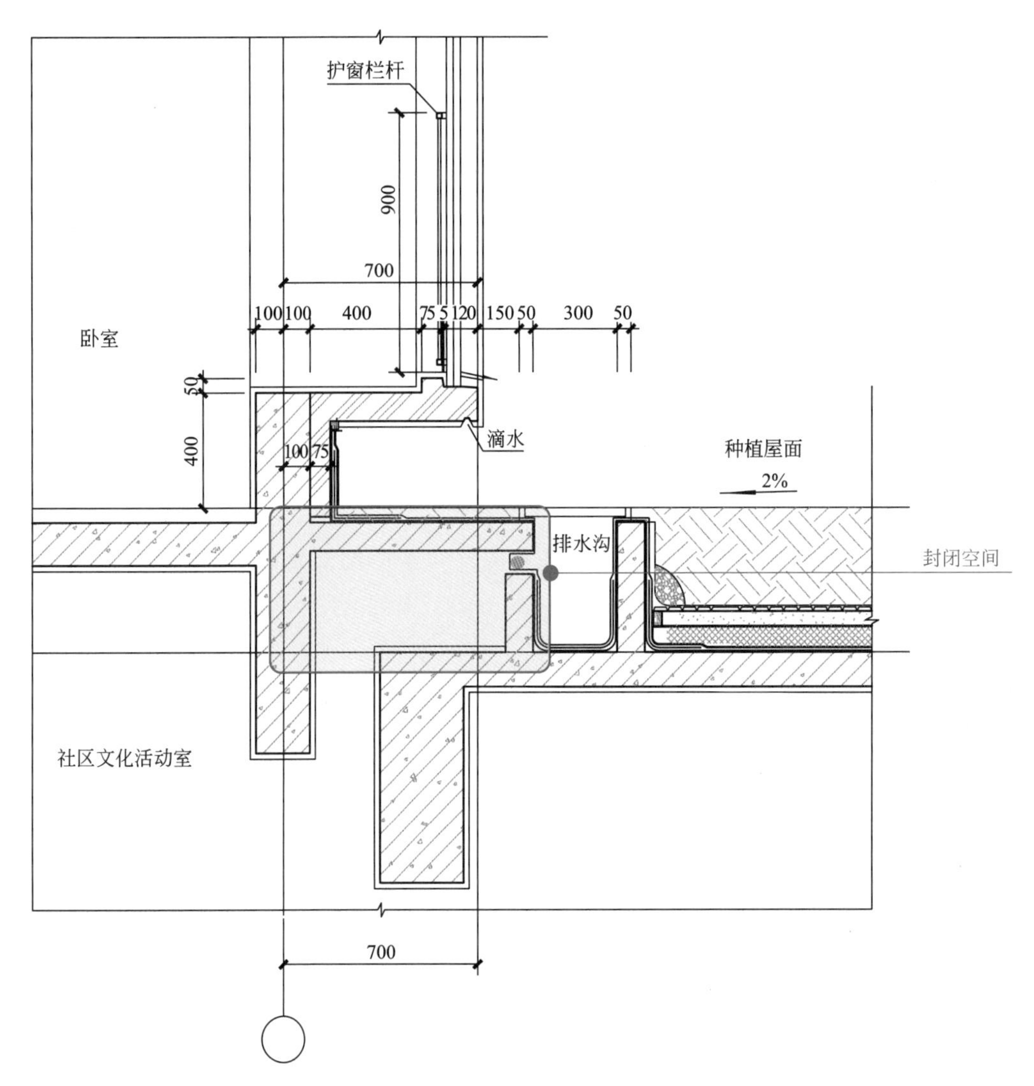

图 2.5.7　封闭空间板节点图

原因分析：

由于设计人员对现浇构件模板组装节点的施工方式欠缺考虑，造成在现场封闭空间的模板难以拆除。

应对措施：

直接浇筑现浇挑板来形成密闭空间，通过制作方盒子放在密闭空间的位置来作为现浇挑板的模板，避免封闭空间的板节点拆模困难。

问题【2.5.8】

问题描述：

凸窗距现浇剪力墙偏小，宽度不大于300mm，造成拆模困难（图2.5.8）。

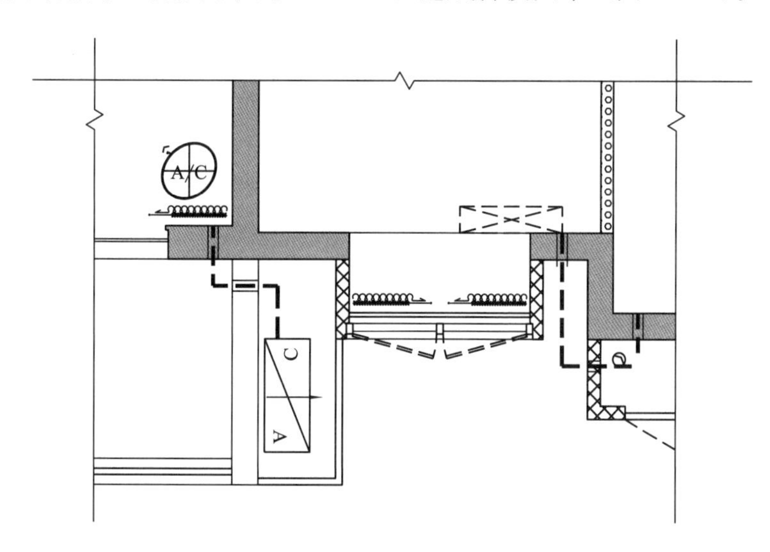

图2.5.8　剪力墙与凸窗平面布置图

原因分析：

由于设计人员对现浇构件铝模组装节点施工方式欠缺考虑，造成现浇剪力墙与预制凸窗之间的距离设计过小，在现场模板的安装和拆除比较困难。

应对措施：

1）协调调整建筑方案，设计凸窗边齐现浇剪力墙边，避免出现小空间。

2）设计时应考虑现浇构件铝模组装节点施工方式，在现浇剪力墙与预制凸窗之间预留足够的模板施工空间。

问题【2.5.9】

问题描述：

滴水线的布置太靠近端部，造成构件边缘易崩角（图2.5.9）。

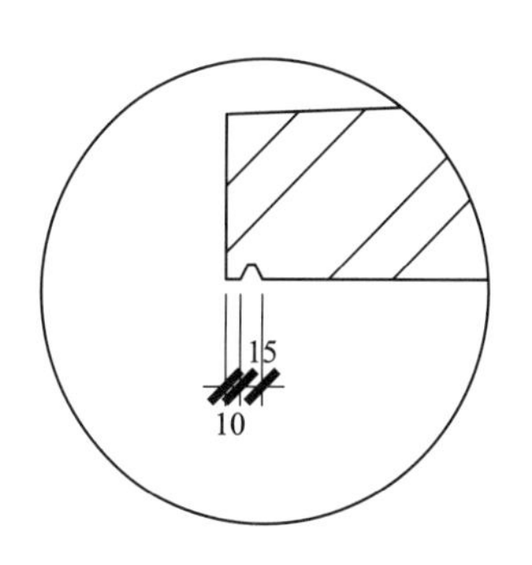

图2.5.9　滴水线布置不合理

原因分析：

滴水线太靠构件的端部，仅有10mm的距离，使得构件角部混凝土太脆弱，并且没有钢筋的约束作用，容易造成构件角部混凝土崩角。

应对措施：

应设置滴水线时，距边构件角部边缘至少30mm。

2

问题【2.5.10】

问题描述：

当采用了预制叠合楼板、预制阳台、预制凸窗、预制外墙时，拆分平面图缺少表达爬架预留洞、地漏立管排污洞、预制外墙的给水点、空调排水洞等。

原因分析：

采用预制构件种类多时，拆分图上需表达的内容也会随之增加，拆分图是构件图深化的基础图，需完善拆分平面图纸内容，避免错漏碰缺。

应对措施：

预制构件拆分平面图需要表达出爬架预留洞、地漏立管排污洞、预制外墙的给水点、空调排水洞等，图纸需要及时校对和补充完善。

问题【2.5.11】

问题描述：

预制阳台上缺失表达与现浇构造柱的插筋及接触面的粗糙面处理要求（图 2.5.11-1）。

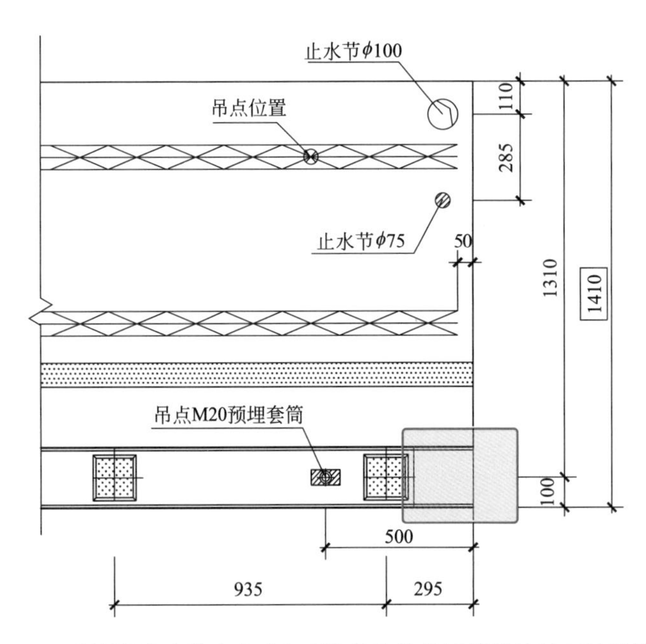

图 2.5.11-1　预制阳台上缺失表达与现浇构造柱的插筋及接触面的粗糙面要求

原因分析：

预制阳台在拆分平面图中缺少表达现浇构造柱，造成构件深化过程中未预留粗糙面与插筋。

应对措施：

考虑预制阳台上现浇构造柱与之的关系，及时校对图纸和在拆分平面图上补充构造柱的表达（图

2.5.11-2)，增加预制阳台构件在构造柱位置上预留插筋和粗糙面要求，并在阳台底部设置预埋套筒。

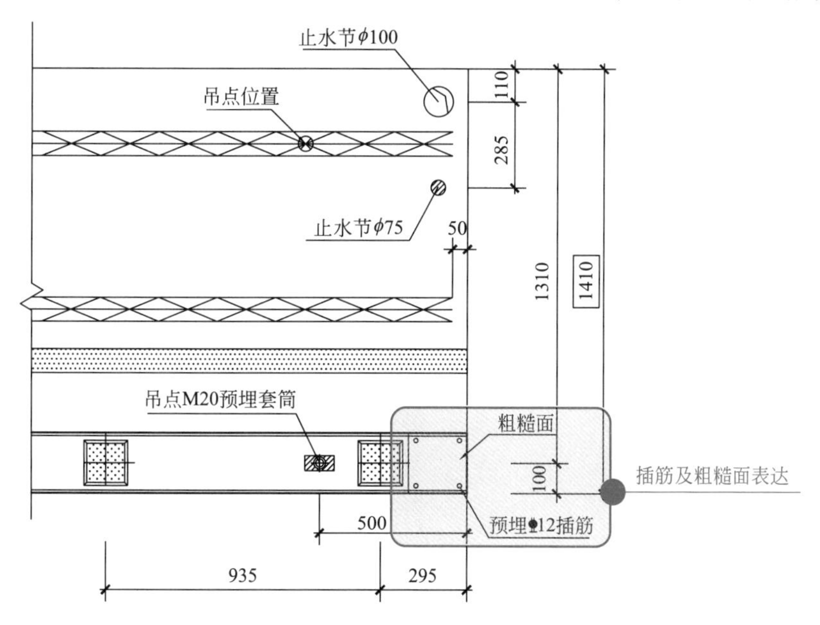

图 2.5.11-2　预制阳台上插筋及粗糙表达

问题【2.5.12】

问题描述：

预制拆分图上缺失表达（图 2.5.12）与预制外墙底部插筋所需的预留洞。

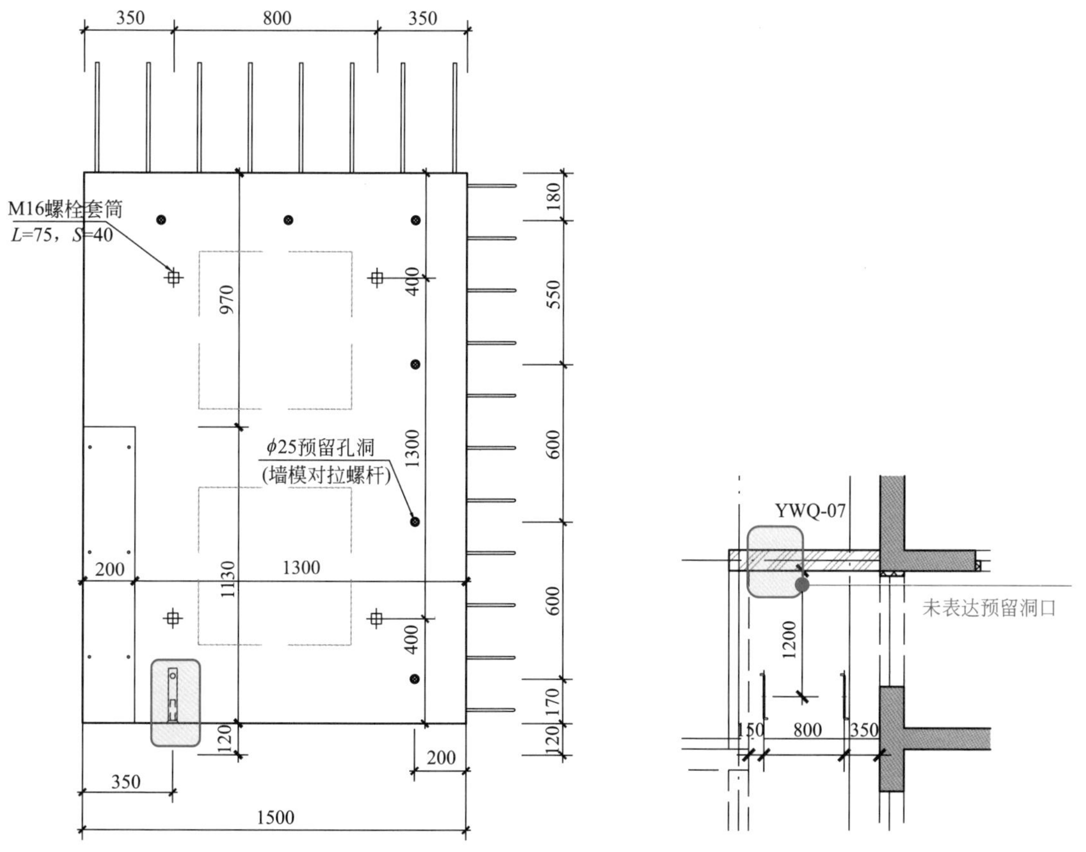

图 2.5.12　预制拆分图上缺失表达

原因分析：

由于设计人员在图纸设计表达上的疏漏，并且没有校对好施工图纸，在拆分平面图中的相应位置缺少表达预留洞，造成安装完预制外墙底部插筋后，没有预留洞，无法下落预制外墙。

应对措施：

应及时校对好施工图纸，在拆分平面图上对应位置补充表达预留洞的位置、深度及洞径。

问题【2.5.13】

问题描述：

裙房屋面预制凸窗与现浇楼盖交接位置，防水构造难以实施（图 2.5.13）。

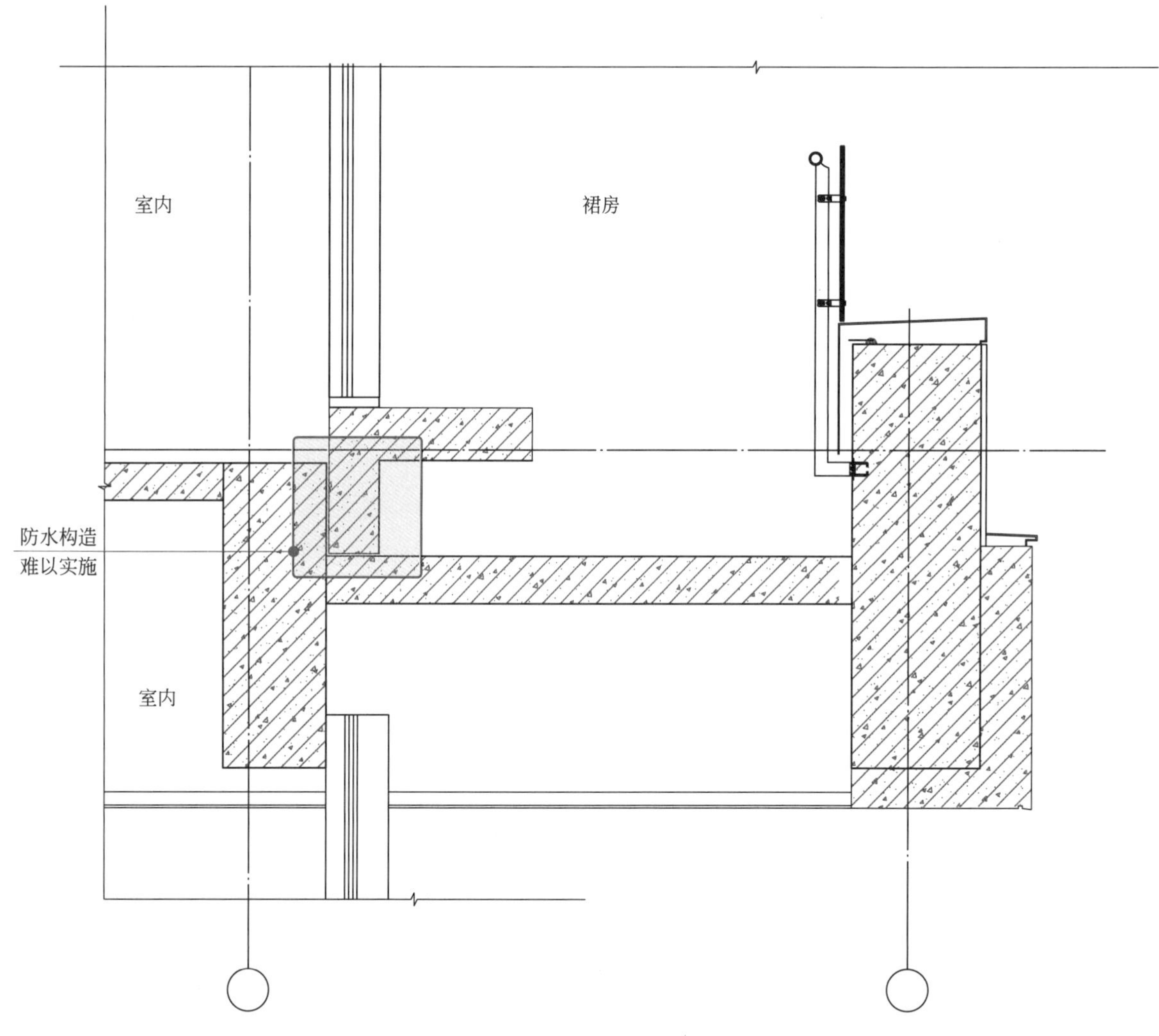

图 2.5.13　预制凸窗与裙房交接位置防水问题

原因分析：

防水卷材铺设一般较预制构件吊装较晚，当预制构件吊装完毕后，导致与现浇结构交接位置，裙房屋面防水构造难以实施。

应对措施：

1）取消该位置预制构件，改为现浇。

2）在预制构件与裙房楼面交接位置，应提前在现浇楼盖中考虑止水措施。

问题【2.5.14】

问题描述：

预制楼梯起吊时崩角（图2.5.14-1）。

图2.5.14-1　预制梁式楼梯起吊时崩角

原因分析：

预制梯段板设计时未考虑起吊补强措施，导致预制楼梯梯段板在起吊时，吊点的踏步混凝土出现了应力集中而产生崩角破坏的情况。

应对措施：

在起吊点出设置吊点补强钢筋来承受预制梯段板在起吊时吊点位置的拉应力，防止踏步混凝土崩坏（图2.5.14-2）。

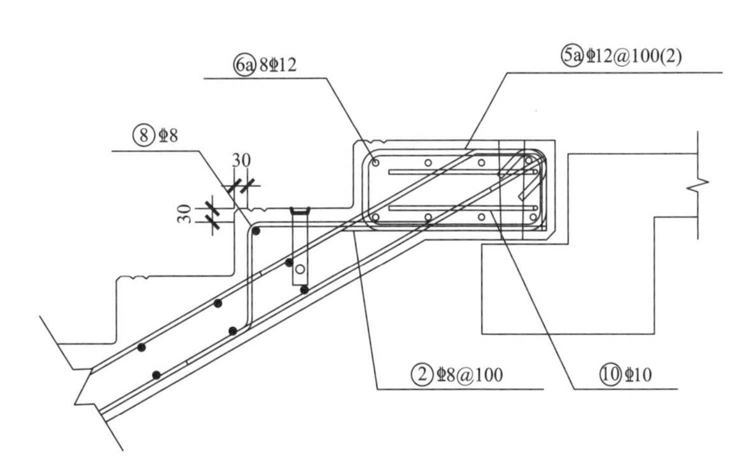

图2.5.14-2　预制梁式楼梯吊点补强钢筋

问题【2.5.15】

问题描述：

预制构件吊点与构件重心不重合（图2.5.15），吊装时构件偏转，无法安装。

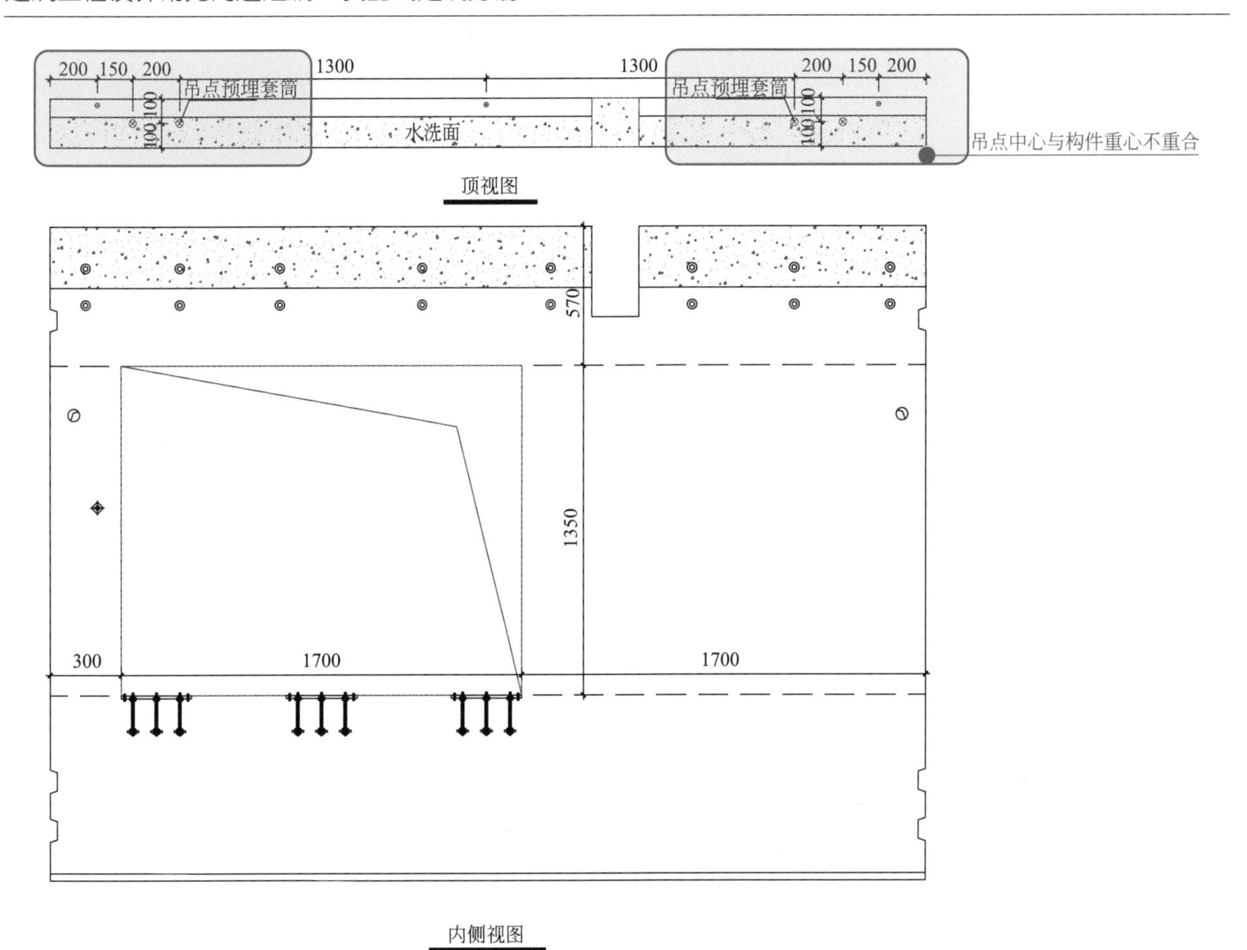

图 2.5.15 预制构件吊点与构件重心不重合

原因分析：

对于形状不规则的构件，设计师设计时未考虑构件重心与吊点的关系，没有找到合适的预制构件吊点位置，导致吊装预制构件时，构件的方向与安装方向不一致，造成预制构件安装困难。

应对措施：

对于形状不规则的构件，应计算出构件的重心，设计时应尽量使构件重心与吊点形心重合，必要时可增加辅助平衡用的吊点。

问题【2.5.16】

问题描述：

叠合板桁架筋高度偏高（图 2.5.16），导致现场铺设面筋后，板厚超高。

原因分析：

深化设计人员未考虑叠合板现浇层面筋的铺设顺序，现场施工时局部出现两层甚至三层板面钢筋。没有结合叠合板的设计厚度合理选用合适高度的桁架钢筋。

图 2.5.16　叠合板桁架筋高度偏高

应对措施：

1）深化设计时注明板面钢筋的铺设和安装顺序。

2）应根据设置的叠合板厚度合理地选用桁架钢筋的高度。

问题【2.5.17】

问题描述：

预制外墙侧面外伸筋长度超过现浇构造柱的边长（图 2.5.17）。

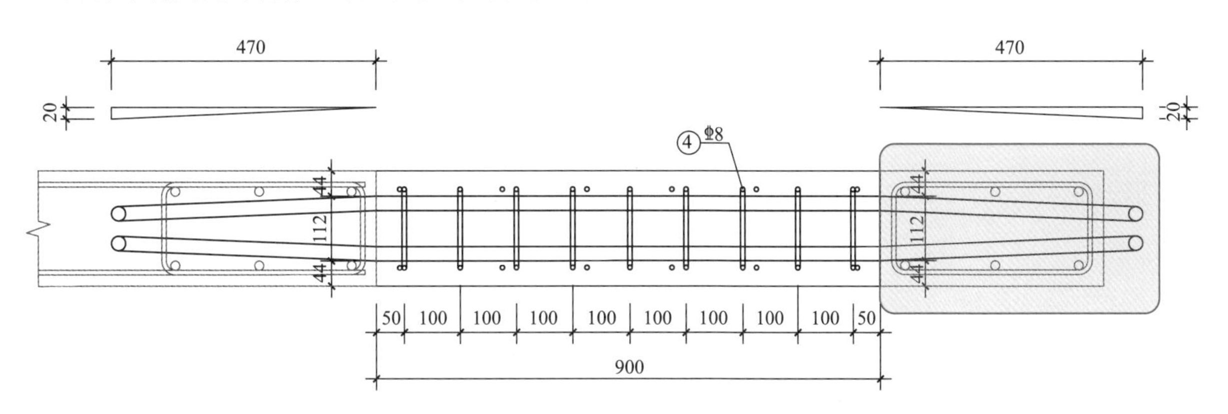

图 2.5.17　预制外墙侧面外伸筋长度超过现浇构造柱的边长

原因分析：

预制外墙与主体结构有多种连接情况时，为考虑构件标准化，仅按规范的锚固长度要求来设计外伸钢筋长度，没有考虑现浇构造柱设计的边长，以及预制外墙与构造柱的连接要求。

应对措施：

1）预制外墙与主体结构有多种连接情况时，应考虑最不利的情况来设计外伸钢筋的长度。

2）采用弯锚方式来满足预制外墙与现浇构造柱的连接要求。

问题【2.5.18】

问题描述：

预制构件平面布置图及构件详图中未注明构件的安装方向，现场安装时装反了才发现问题，只能吊起重新安装（图 2.5.18）。

原因分析：

深化设计应关注构件的安装方向，特别是叠合板、预制外墙板等外观上不易分清方向的构件，实际其外伸钢筋、预埋管线、留洞都是有方向性的。

应对措施：

预制构件平面布置图及构件详图中均应注明构件的安装方向，构件厂生产时，应按设计要求在构件上做出明显的安装方向标志。

图 2.5.18　构件安装方向标志示意

问题【2.5.19】

问题描述：

相邻叠合板外伸钢筋重叠，影响安装（图 2.5.19）。

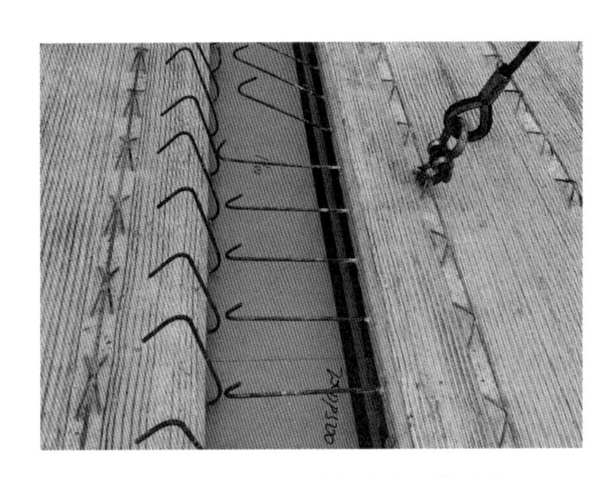

图 2.5.19　相邻叠合板外伸钢筋重叠

原因分析：

叠合板深化设计时，未做相邻叠合板外伸钢筋碰撞检查。

应对措施：

叠合板配筋完成后，应套入结构平面图做叠合板钢筋的碰撞检查；设计时也可以采用密拼缝等方式，避免钢筋碰撞。

问题【2.5.20】

问题描述：

叠合板配筋时，大跨叠合板无梁隔墙处未设置板底加强筋（图 2.5.20）。

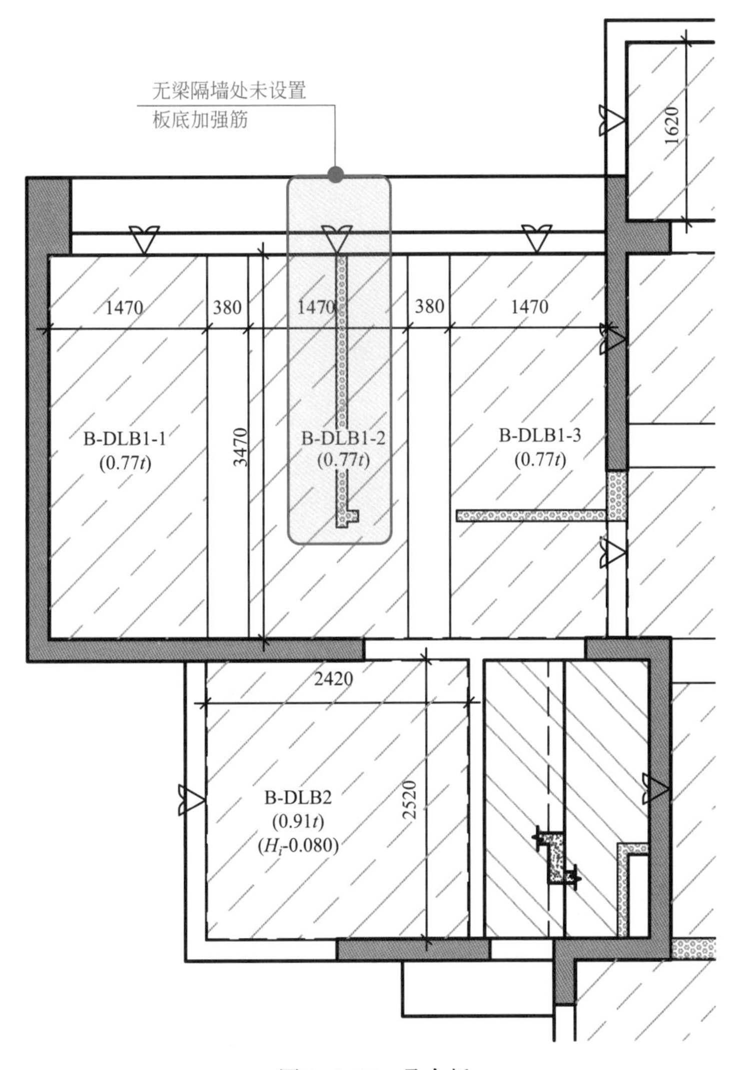

图 2.5.20　叠合板

原因分析：

叠合板深化设计时，未做隔墙检查，导致在进行叠合板配筋计算时，没有考虑叠合板上隔墙的荷载，缺少板底加强钢筋的计算和设计，带来安全隐患。

应对措施：

1）叠合板配筋完成后，应套入建筑平面图做隔墙检查。

2）叠合板的设计应考虑板上隔墙的荷载，在隔墙位置处相应设计和计算板底加强筋，确保叠合板的承载力满足设计要求。

问题【2.5.21】

问题描述：

构件平面布置图中未标注构件重量及临时支撑，现场施工无法准确核对，存在安全隐患（图2.5.21）。

原因分析：

构件深化设计时，未考虑现场施工的便利性，导致在构件平面布置图中构件重量及临时支撑等重要的图示和指标未进行注释和表达。

应对措施：

考虑现场施工的便利性，在构件平面布置图中构件重量及临时支撑等重要的图示和指标尽可能集中表达。

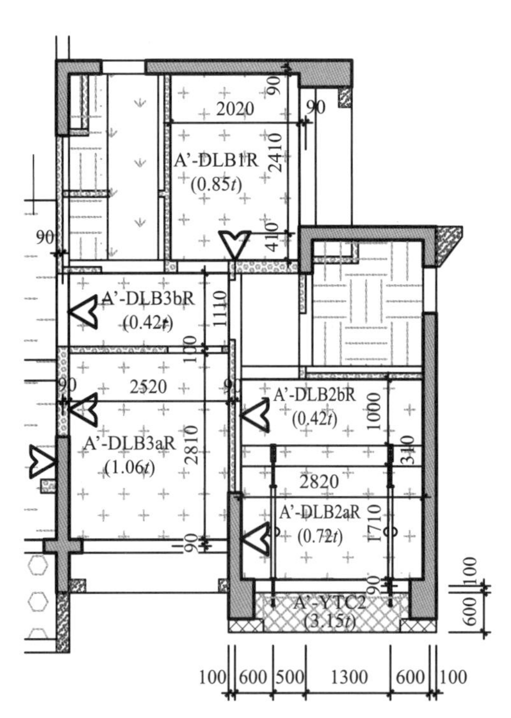

图 2.5.21　构件平面布置图中构件重量标注及临时支撑设置

问题【2.5.22】

问题描述：

墙柱变截面时，预制构件（特别是叠合板）的尺寸未相应调整（图 2.5.22）。

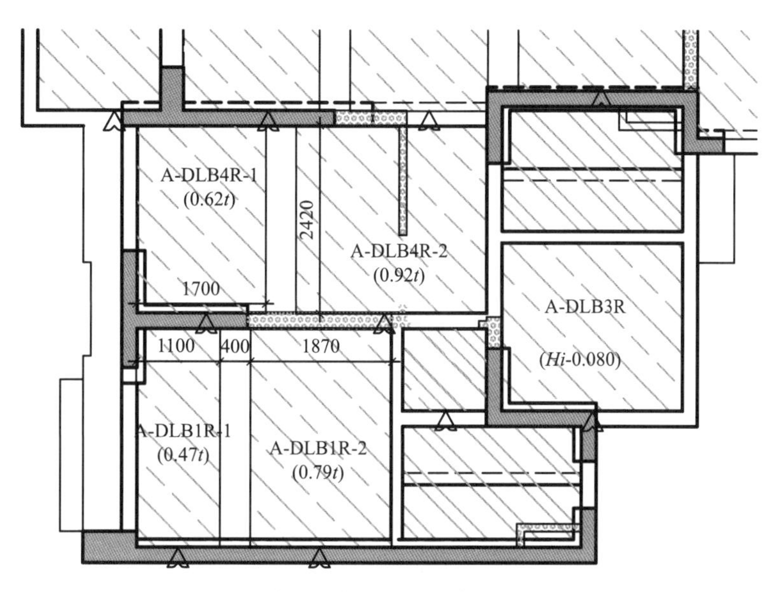

图 2.5.22　墙柱变截面时，叠合板的尺寸未调整

原因分析：

构件深化设计时，未考虑墙柱变截面对预制构件在主体结构上的连接节点，以及预制构件尺寸的影响。

应对措施：

当主体结构存在变截面时，深化设计人员应与主体结构设计人员协商，尽量让变截面的方向不影响预制构件的尺寸；无法避免时，预制构件要做相应的尺寸、钢筋长度的调整。

问题【2.5.23】

问题描述：

首层结构设计中，现浇楼面与预制构件的交接面无节点大样，导致首层构件（如预制外墙、预制楼梯等）无法顺利安装。

原因分析：

构件深化设计时，仅关注标准层的情况，一般情况下，标准层的层高与首层不同，未考虑首层现浇楼面与预制构件交接位置的连接。一般首层为木模施工，施工的精度也比较差，会影响预制构件的安装。

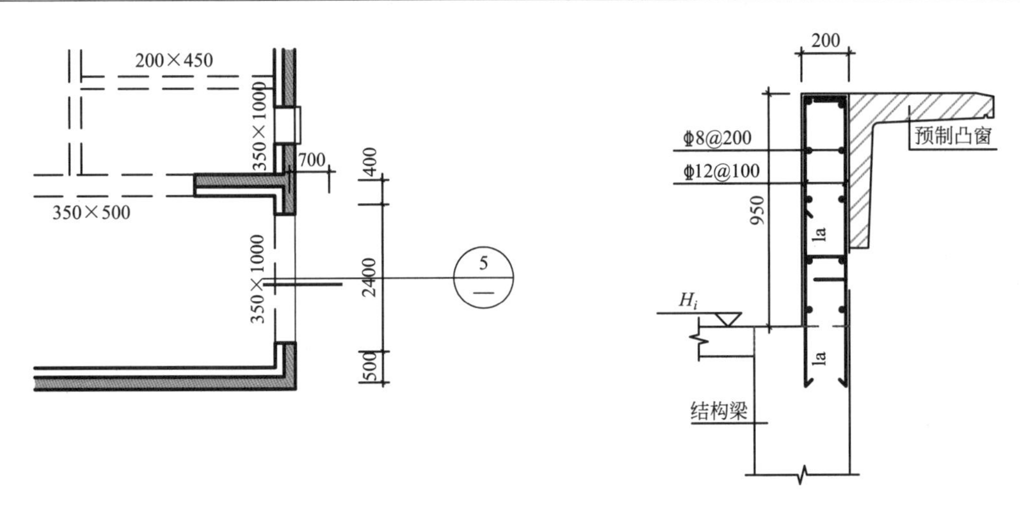

图 2.5.23　现浇楼面与预制构件的交接面节点大样示意

应对措施：

对于首层结构，构件深化设计应与主体设计协同配合，给出预制构件和现浇结构交接面的节点大样、安装工艺，并提出施工精度要求。

问题【2.5.24】

问题描述：

预制外墙与主体结构连接处设置的止水槽内布置了连接用的外伸钢筋（图 2.5.24），影响构件生产。

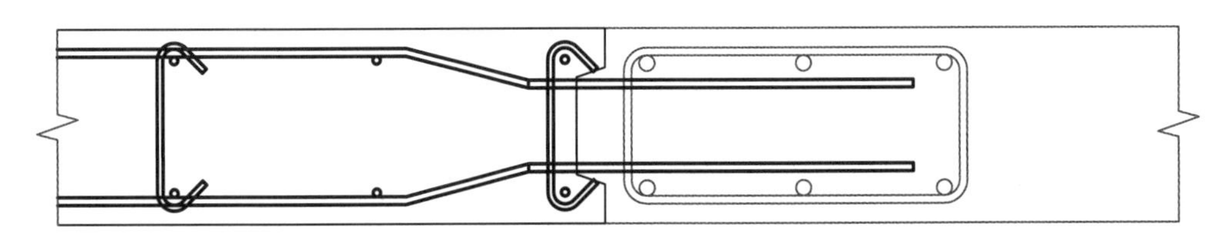

图 2.5.24　在止水槽内布置了连接用的外伸钢筋

原因分析：

止水槽须用定型模具来形成，若止水槽范围有钢筋，会破坏定型模具，并造成脱模困难、漏浆。在预制外墙中设计人员没有考虑止水槽与外伸钢筋的避让。

应对措施：

构件深化设计时，将连接钢筋设置在止水槽范围以外，注意止水槽与外伸钢筋的避让。

问题【2.5.25】

问题描述：

预制凸窗的防雷扁铁在凸窗顶板标高直接伸出（图 2.5.25）。

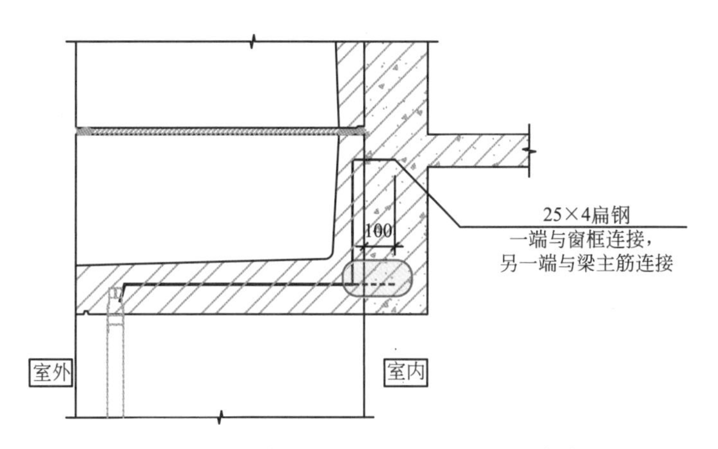

图 2.5.25　预制凸窗的防雷扁铁在凸窗顶板标高直接伸出

2

原因分析：

构件深化设计时未考虑施工的便利性，防雷扁铁在梁底标高位置伸出，现场与防雷环筋施焊困难。

应对措施：

构件深化设计时，考虑施工的便利性，将防雷扁铁调整到接近梁面标高位置伸出。

问题【2.5.26】

问题描述：

预制柱深化设计时，未考虑防雷（图 2.5.26）。

图 2.5.26　预制柱深化设计时，未考虑防雷

原因分析：

预制柱的纵向钢筋采用灌浆套筒工艺连接时，上下层的钢筋没有直接连接，无法形成防雷通路。

应对措施：

采用灌浆套筒工艺连接的预制柱在深化设计时，应单独设置防雷接地用的钢筋及外露焊接用钢板。

问题【2.5.27】

问题描述：

预制构件深化设计时，未合理设置粗糙面（图2.5.27）。

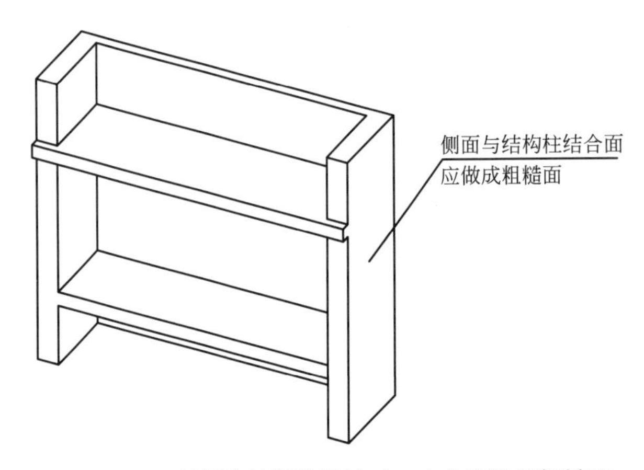

图2.5.27　预制构件深化设计时，未合理设置粗糙面

原因分析：

预制构件与主体结构连接的交界面，按规范要求要设置粗糙面来提高预制构件与主体结构连接性能和接缝的抗剪强度，但根据构件连接的受力情况及生产工艺，不同的粗糙面有不同的做法，设计上未考虑时，可能造成生产困难或质量缺陷。

应对措施：

预制构件在深化设计时，应与构件生产单位沟通，并结合构件受力情况，合理选择粗糙面的做法及要求，必要时可采用抗剪槽、花纹钢板面或专用成型模具来替代。

问题【2.5.28】

问题描述：

住宅洗手间外墙板做预制构件防水处理，传统设计要求卫生间四周做反坎保证防水效果。如果卫生间外侧墙板采用预制外墙板时。如果要保证反坎设计，底部会有较大企口，企口造型不便于铝模施工且后期成品质量难以保证。但如果保证反坎设计，在卫生间室内一侧会有打胶缝，对后期室内装修产生影响，降低卫生间品质（图 2.5.28）。

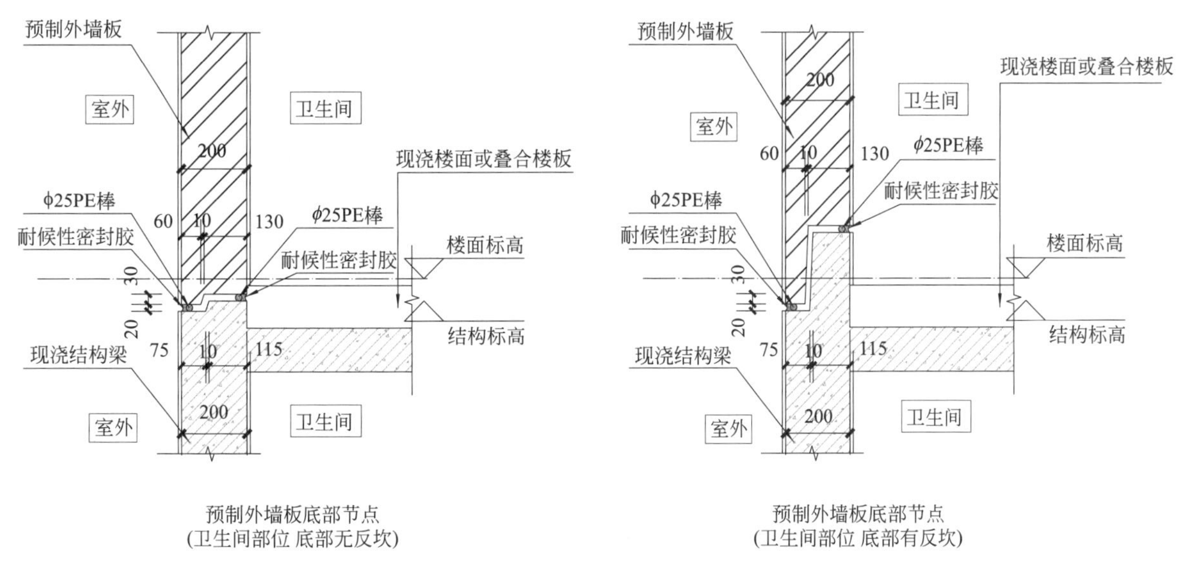

图 2.5.28　卫生间构造（企口）防水节点图

原因分析：

1）卫生间处外墙容易渗水漏水，传统设计在卫生间四周做反坎来保证防水效果。当卫生间外侧外墙采用预制外墙板时，预制外墙板与底部现浇部分连接时需要设计企口来保证外墙密闭性，达到防水效果。

2）如果在采用预制外墙板时，同时设计反坎，反坎不便于铝膜施工，同时室内一侧会有打胶缝，降低室内品质。

应对措施：

1）卫生间部位不采用预制墙板。

2）设置后浇混凝土反坎。

问题【2.5.29】

问题描述：

部分住宅在设计阶段外墙门窗洞口不居中，在构件设计时不便于构件标准化设计，宜调整至中心对称（图 2.5.29）。

原因分析：

预制墙板中带有窗洞口不居中，不利于构件标准化设计，导致构件种类多，工厂模具数量增加，预制构件造价提高。

应对措施：

1）将预制墙板中的窗户按照中心对称布置，方便预制构件的标准化设计。

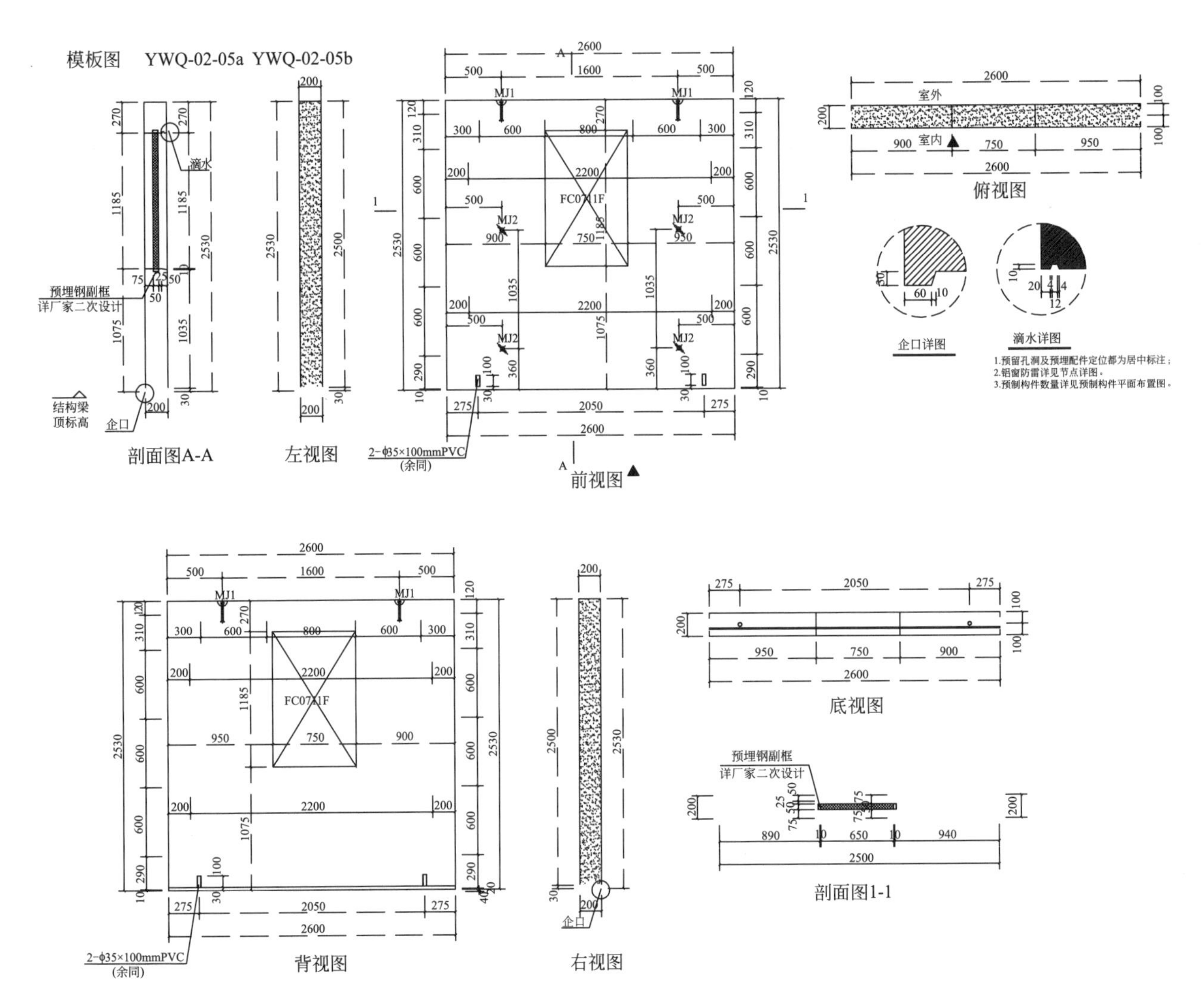

图 2.5.29 预制外墙板窗洞口不居中

2）在构件设计阶段积极与设计单位沟通，在保证建筑品质时尽量将预制墙板中的窗户按照中心对称布置。

问题【2.5.30】

问题描述：

钢筋桁架楼承板配筋偏大（图 2.5.30）。

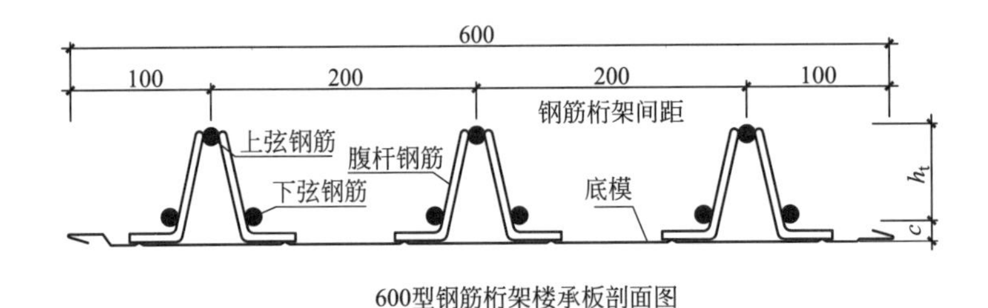

600型钢筋桁架楼承板剖面图

图 2.5.30 钢筋桁架楼承板布置

原因分析：

采用钢筋桁架楼承板可以减少现场钢筋绑扎工作及模板工序，但是本身用钢量比现浇楼板增加较大。原因在于：

1）钢筋桁架楼承板须能承受施工荷载，其跨度往往由施工工况下的挠度控制。

2）厂家提供的板跨度限值较为保守。

3）钢筋桁架楼承板规格较为固定，上下弦钢筋间距及配筋方案无法灵活更改，因此在现浇配筋面积与桁架规格相差较大时，为满足等同现浇配筋面积，只能选择更大的桁架规格。

应对措施：

1）根据桁架规格及施工荷载，自行计算跨度限值。

2）和现浇结构设计部门紧密配合，调整次梁间距和配筋方案，便于选择适宜的桁架规格。

问题【2.5.31】

问题描述：

预制柱预留的灌浆套筒长度及规格未根据不同受力钢筋进行区分，钢筋预留出的长度也未区分，采用统一的长度，导致部分长度不能满足规范要求（图2.5.31）。

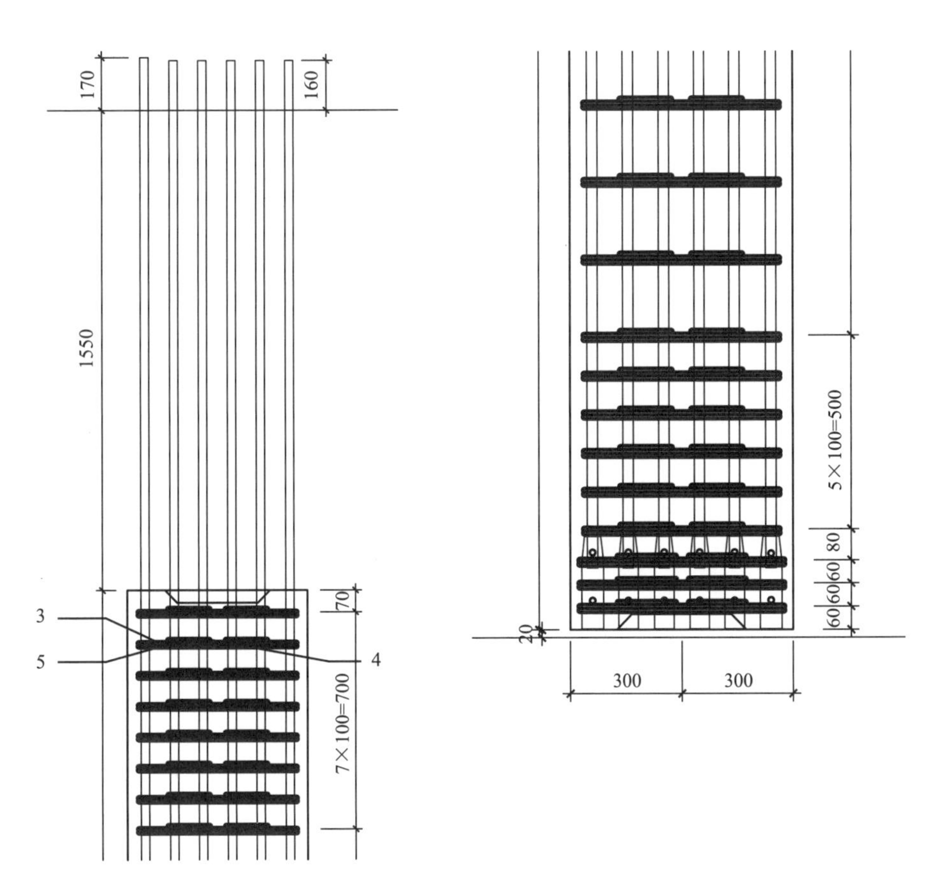

图2.5.31　预制柱预留长度不合理

原因分析：

未真正理解结构受力构造要求，没有了解不同规格的钢筋其连接部分的长度是不同的。深化设计时，对不同直径配筋未进行细化构造设计和绘制详图。

应对措施：

1）应真正理解结构受力特点及构造要求，做到每个部位的连接节点应满足规范的最小构造要求。

2）从装配式的特点要求出发，尽量做成标准连接节点，但需要能包络住最不利情况。

3）为满足预制构件节点区域钢筋的连接要求，应对不同直径受力钢筋的灌浆套筒长度以及钢筋预留长度进行区分。

问题【2.5.32】

问题描述：

采用叠合梁时，底部钢筋锚固长度不足以采用上弯方式处理，导致节点复杂，且可能影响垂直方向的梁钢筋碰撞（图 2.5.32）。

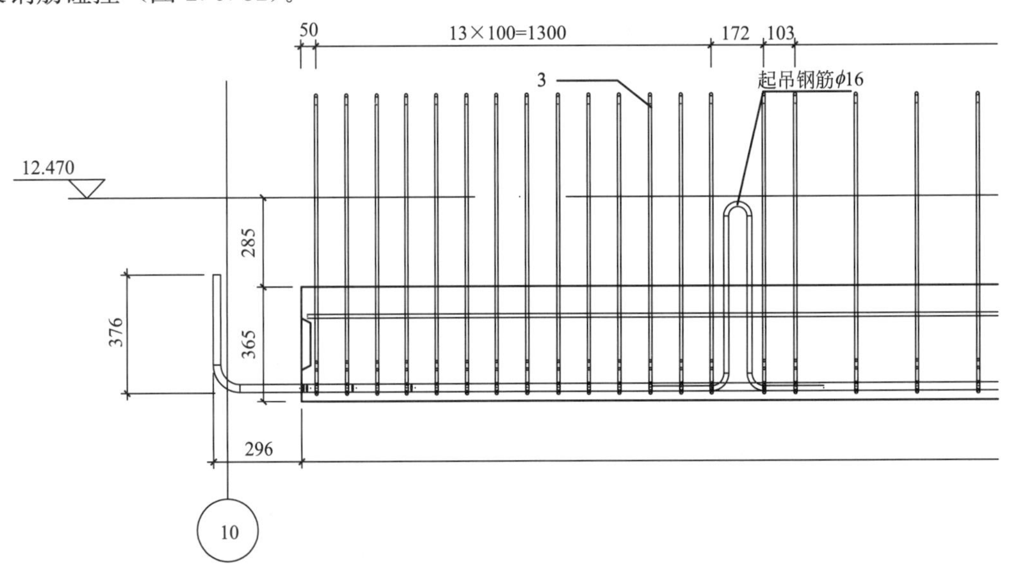

图 2.5.32　梁筋上弯碰撞

原因分析：

未考虑叠合梁上弯钢筋对连接节点及其他构件的影响，包括叠合梁的节点连接处理、钢筋碰撞，以及吊装时的碰撞影响。

应对措施：

应充分考虑到叠合梁在节点处钢筋锚固连接时的最不利影响，应避免底部钢筋上弯方式来处理钢筋锚固长度不足的问题，必要时可考虑采用端头机械锚固或者采用双面搭接焊将钢筋截至设计及规范要求的做法。

问题【2.5.33】

问题描述：

采用套筒连接时，套筒保护层不够（图 2.5.33），导致影响结构耐久性。

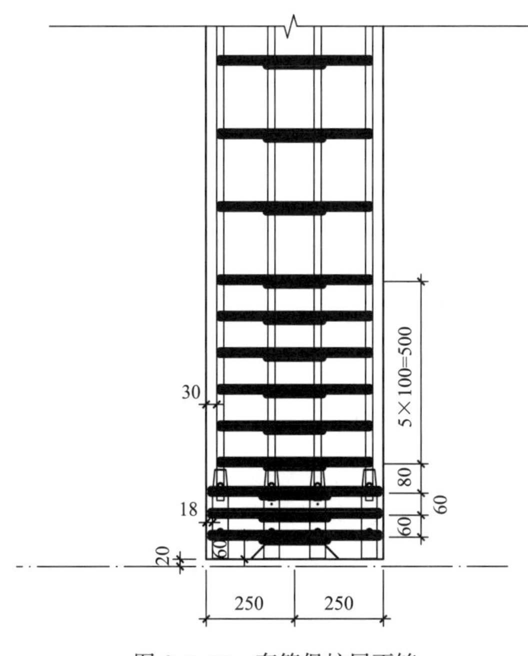

图 2.5.33 套筒保护层不够

原因分析：

先按照现浇设计，再按照装配式预制构件拆分设计，未考虑预制构件的钢筋连接时，套筒的直径大于钢筋的直径，从而出现了混凝土保护层厚度不足的问题。

应对措施：

装配式设计从项目开始时就要同步进行，应充分考虑采用预制构件对结构设计带来的影响，尤其是预制构件连接节点的问题，且不应交给拆分单位，而应由设计单位负责。

问题【2.5.34】

问题描述：

预制构件因堆放、支撑不合理而产生的构件开裂或损坏。

原因分析：

设计师未考虑预制构件的堆放、安装和支撑等因素，没有考虑到预制构件施工要求，以及支撑的合理性。

应对措施：

预制构件深化设计应考虑构件生产、运输、安装时的不同工况。

问题【2.5.35】

问题描述：

外挂墙板在主体结构发生较大层间位移时墙板被拉裂。

原因分析：

1）对外挂墙板的连接机理与原则不清楚，对不同材料的变形承受能力了解不够充分。

2）外挂墙板设计时未考虑与主体结构之间产生的相对位移，导致在荷载作用下，主体结构发生较大的层间位移时外挂墙板随之产生较大的剪切变形，剪切变形大于外挂墙板的变形承受能力时，外挂墙板被拉裂。

应对措施：

1）墙板连接设计时，必须考虑对主体结构变形的适应性。

2）外挂墙板的节点设计应合理，在主体结构发生较大的层间位移时，外挂墙板与主体结构之间可以产生相对位移，外挂墙板不至于随之产生较大的剪切变形而被拉裂。

问题【2.5.36】

问题描述：

叠合梁梁底筋往往钢筋根数太多，有 2 排底筋（图 2.5.36），生产和施工安装困难。

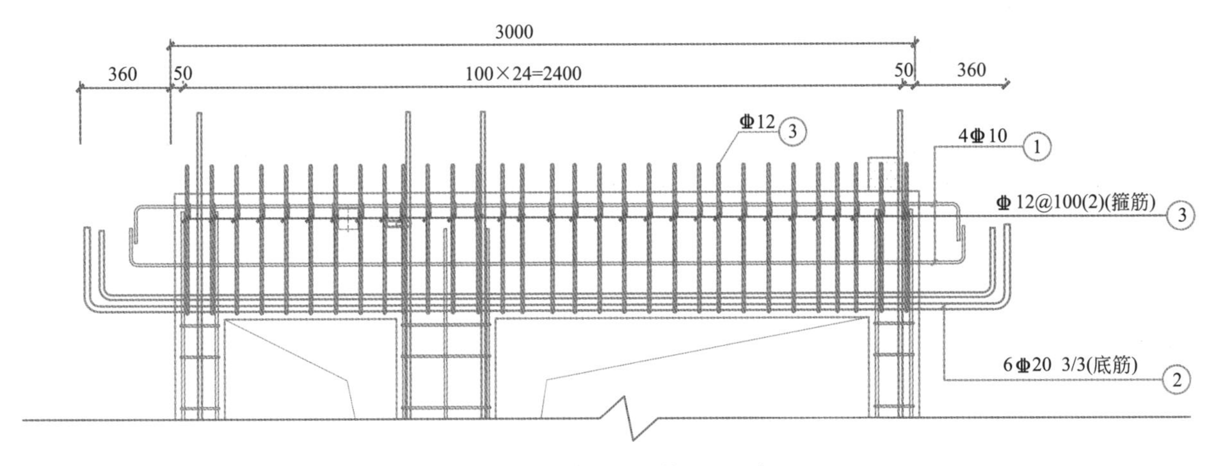

图 2.5.36 叠合梁底钢筋设置不合理

原因分析：

叠合梁配筋设计未考虑预制构件特点，按照现浇梁进行配筋。

应对措施：

1）采用较大直径的钢筋来替换。

2）加大梁截面，采用一排底筋。

3）配筋设计应考虑构件安装顺序。

问题【2.5.37】

问题描述：

剪刀楼梯间在设计阶段未充分考虑预制楼梯厚度及重量，后期因结构计算无法满足要求，预制楼梯再进行拆分，同一楼梯梯段拆分成两个，预制楼梯梯段中间出现拼缝，拼缝处建筑面层易开裂且影响建筑品质（图 2.5.37）。

图 2.5.37　预制楼梯板拆分为两段

原因分析：

1）预制楼梯重量过大，无法起吊，迫使构件设计将一个楼梯梯段拆分为两段，分别吊装。

2）由于两段楼梯之间采用干式连接，无现浇部分，接缝处建筑面层易开裂。

应对措施：

1）装配式策划阶段，设计与施工须同步统筹考虑，根据预制构件重量选择合适塔吊。

2）对预制楼梯梯段构件采用减重设计措施，如内嵌减重块，满足塔吊起吊要求。

问题【2.5.38】

问题描述：

内走廊的窗顶设置了滴水或鹰嘴（图 2.5.38-1）。

图 2.5.38-1　滴水或鹰嘴设置位置错误

原因分析：

由于设计人员未考虑窗户的具体位置及实际情况，对内走廊处窗户进行滴水线的处理，或构件生产错误（图 2.5.38-2）。

图 2.5.38-2　内走廊的窗顶不需要设置滴水

应对措施：

1）设计人员进行深化设计时应仔细检查各类构件的具体位置及功能需求，及时对预制加工厂交底。

2）如不慎将滴水线做在无水位置，应在施工现场进行二次加工，将滴水槽进行处理并抹平。

问题【2.5.39】

问题描述：

设计的预制构件过大、过重或过于复杂，预制构件较难生产、运输、吊装，严重影响工期和成本（图2.5.39）。

图2.5.39 预制构件过大或超重

原因分析：

混凝土预制构件的构件拆分缺乏经验，未考虑生产、运输、吊装等后续工种。

应对措施：

装配式构件拆分应考虑生产、运输、吊装等因素，预制构件的拆分设计应能满足工业化生产和现场施工的便捷性。

问题【2.5.40】

问题描述：

镜像构件采用了同编号，未进行编号区分（图2.5.40）。

原因分析：

镜像预制构件未区别编号。镜像预制构件属于不同的预制构件，如果未进行编号区分会造成预制构件在现场施工安装出现问题。

应对措施：

不同预制构件，包括镜像、预埋点位不同的构件，均应区分编号，并且在结构平面布置图中应

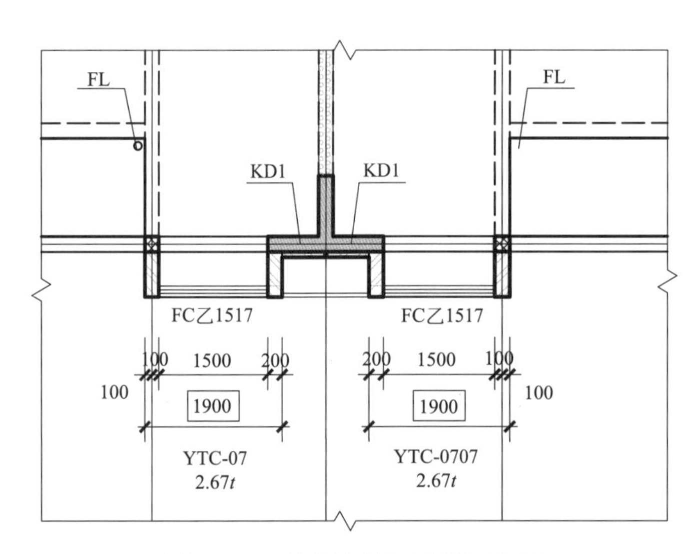

图 2.5.40　镜像构件处理错误示例图

对该类预制构件进行校核和修改。

问题【2.5.41】

问题描述：

两侧山墙现浇段较多（图 2.5.41），影响施工效率及施工质量。

图 2.5.41　两侧山墙现浇段过多

原因分析：

两侧山墙被拆分成过多的预制构件与现浇钢筋混凝土结构组合的方式，造成现浇段墙体较多，将给现场的支模施工带来较大难度。

应对措施：

1）减少连续预制构件的拆分数量（预制构件宽度不宜小于 2m），以提高塔吊的吊装作业效率。

2）对宽度太小的预制构件，采取现浇施工的方式，减少现浇墙体的段数。

问题【2.5.42】

问题描述：

采用预制栏板，安装工序复杂且栏板底部水平缝没有连接措施，存在安全隐患（图 2.5.42）。

图 2.5.42　预制栏板施工困难、底部水平缝无连接措施

原因分析：

1）阳台采用预制栏板，未按实际受力模式进行配筋设计。

2）设计人员采用预制栏板没有考虑现场施工安装问题，以及连接措施。

应对措施：

一般情况下，不建议采用预制栏板，如确需采用，建议增加栏板底部与阳台之间的连接，同时水平缝需要打胶处理。

问题【2.5.43】

问题描述：

叠合楼板宽度过宽，无法运输。

原因分析：

设计未考虑构件运输宽度要求，或伸出筋长度未考虑宽度。

应对措施：

合理拆分叠合楼板宽度，尽量控制板的窄边含伸出钢筋的有效宽度不超过 3m。

问题【2.5.44】

问题描述：

预制构件运输时，高度超高，导致无法运输或者运输效率偏低，或者出现违规将构件出筋弯折。

原因分析：

1）设计人员对预制构件的运输条件及要求不熟悉。

2）设计人员没有考虑拆分预制构件的设计对构件运输问题带来的影响。

应对措施：

1）在设计阶段，设计与制作单位及运输单位要充分沟通协调，明确预制构件的运输条件及要求。

2）同时加强对设计人员的相关培训，设计时应考虑预制构件的运输、吊装，以及施工问题。

问题【2.5.45】

问题描述：

内墙板水平段太长导致开裂（图 2.5.45）。

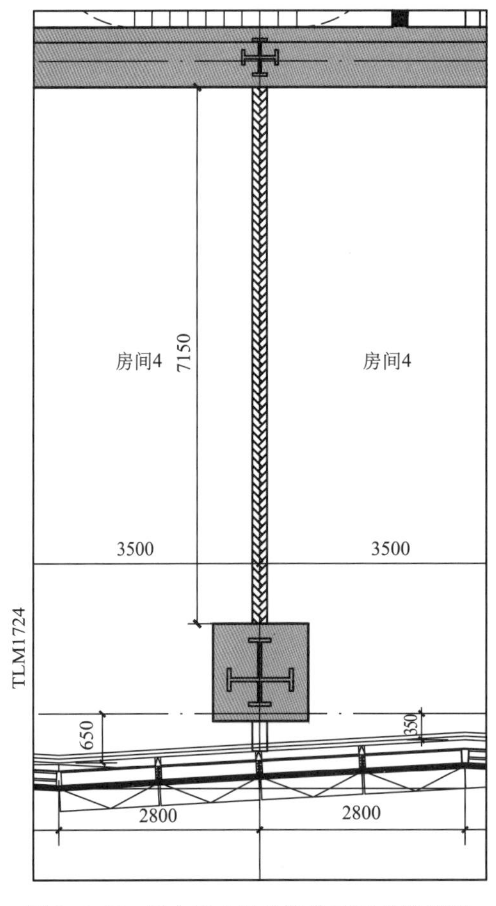

图 2.5.45 长内墙未设构造柱引起墙体开裂

原因分析：

内墙板长度较长时，极易开裂，尤其是客厅之间的分户墙。主要原因有：

1）内墙板及配套材料自身质量问题导致墙体开裂。

2）气候、温度和湿度变化引起的墙板裂缝。

3）内墙板施工工艺的问题。

应对措施：

1）建议当墙长超过5m时在中间设构造柱，避免拆分的内墙板长度过长。

2）对预制内墙板的质量进行把控。对预制内墙板的制作、安装，以及施工过程进行把控。

问题【2.5.46】

问题描述：

叠合楼板拆分时，未考虑楼板下方的隔墙上设置的电气点位接线须穿越叠合楼板，导致叠合板须增加预留洞口（图2.5.46）。

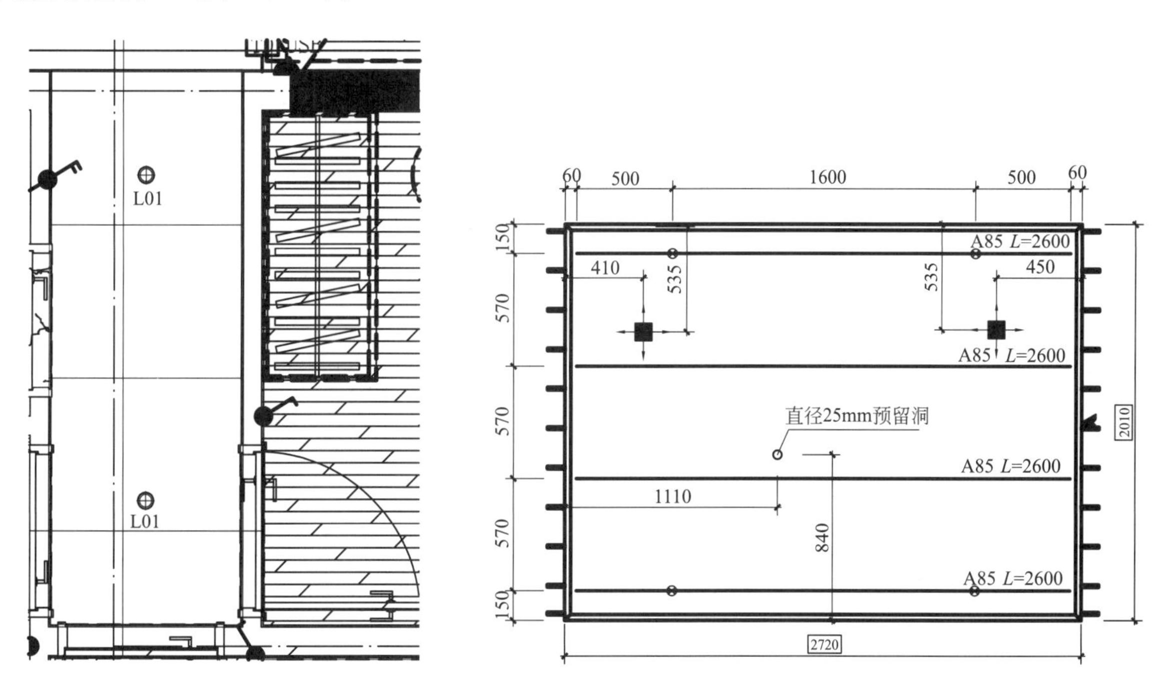

图2.5.46 叠合板上增加留洞

原因分析：

1）构件拆分时卧室及走道作为整块板做预制，内隔墙处的上方无现浇段。

2）叠合板下方的隔墙上有电气点位，须穿越叠合板接线。

应对措施：

叠合板下方内隔墙上有电气点位须从上层楼板接线时，应在叠合板上预留孔洞，设计未考虑机电条件。

2.6　技术认定问题

问题【2.6.1】

问题描述：

叠合板与现浇板混合搭配（图 2.6.1），增加施工现场难度。

图 2.6.1　叠合板与现浇板混合处理

原因分析：

为了拼凑装配率指标，或者先进行结构设计，后要求做装配式建筑，结构设计与装配式设计脱节，未考虑提高构件标准化的要求进行结构布置时，在同一楼层的楼板结构中出现了预制叠合板与现浇钢筋混凝土楼板混合的形式，增加了现场施工的难度，大大降低了施工现场的工作效率。

应对措施：

1）除结构受力要求外，同一块板或同一片区域，避免叠合板与现浇板混合使用。

2）在装配式结构设计上，应合理分布预制叠合板和现浇钢筋混凝土楼板的布置区域，并结合考虑预制叠合板布置对现场施工的便捷性。

问题【2.6.2】

问题描述：

计算楼栋的分值时，按照整个项目进行平均换算，导致有的楼栋并不满足装配式评价标准。

原因分析:

设计人员没有充分研读装配式评价标准内容，仅仅考虑了整个项目的装配式评价标准，忽略了项目的每栋楼均须满足装配式评价标准。

应对措施:

不能按照整个项目进行平均换算楼栋的计算分值，应按照每栋楼独立计算，分别给出每栋楼的计算分值。

问题【2.6.3】

问题描述:

进行技术认定时，技术项比例计算书问题往往比较多，需修改的工作量大。

原因分析:

进行技术认定时，专家往往会仔细审阅技术项比例计算书，作为审查的重点，以确保各项的比例是准确的，是真实符合政策要求的。

应对措施:

应参考以往项目的资料，详细准确地编制技术项比例计算书，技术项的比例计算过程应清晰、准确，以更好地通过专家审查。

问题【2.6.4】

问题描述:

结构存在超限情况（图2.6.4），未先进行超限审查，无法进行装配式技术认定。

三、审查意见

该项目超限高层建筑抗震设防专项审查结论：通过。

下一阶段应补充和完善以下内容：

(一)进一步分析弱连接板盖的受力状况，对其进行抗震承载力验算，并采取相应的加强措施；

(二)结构整体建模分析时，应忽略顶制板的刚度贡献；

(三)楼板应力分析及验算时，应考试预制板缝的不利影响；

(四)复核中，大震作用下剪力墙的拉应力；

(五)进一步复核大震作用下的计算。

图2.6.4 结构超限检查

原因分析:

预制构件为结构的一部分，结构整体应先通过超限审查，再进行装配式技术认定工作。

应对措施：

严格按程序先进行超限审查，并且在超限审查中应编制装配式建筑设计专篇，说明预制结构对结构整体的影响及处理措施。

2.7　装修装饰问题

问题【2.7.1】

问题描述：

预制墙板的水平拼缝标高设计不合理（图 2.7.1），室内存在永久缝。

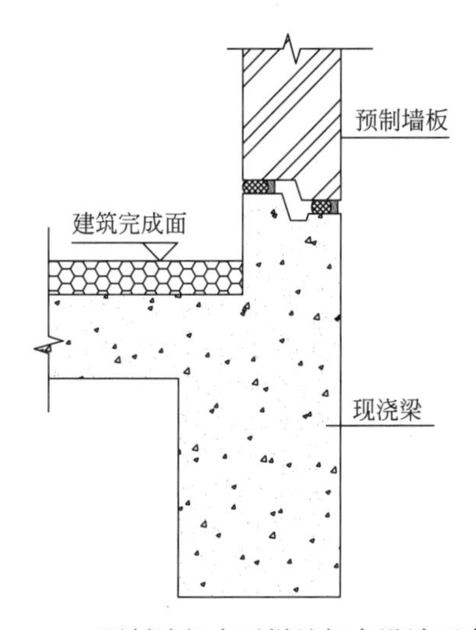

图 2.7.1　预制墙板水平拼缝标高设计不合理

原因分析：

深化设计时仅考虑施工便利性，未结合建筑功能及使用要求来设置预制墙板的水平拼缝。

应对措施：

预制墙板的水平拼缝标高设计应考虑建筑功能及使用要求，避免对室内装修产生影响，可将预制墙板的水平拼缝设置在建筑面层以下或者踢脚线范围内。

问题【2.7.2】

问题描述：

室内建筑完成面高度超出窗框边缘，造成窗台处建筑完成面高出窗框，影响观感或窗户开启（图 2.7.2）。

原因分析：

窗框细部节点设计未考虑与建筑面层的关系，仅考虑了与预制构件的连接关系，导致建筑面层超高。

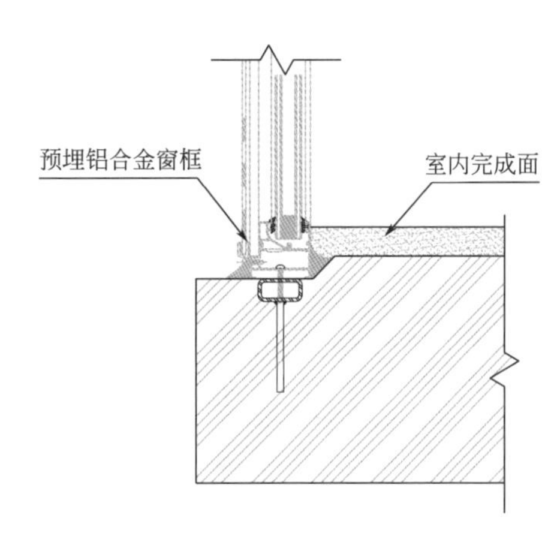

图 2.7.2 窗框设计与内装未协调示例

应对措施：

装配式节点设计应以建筑完成面为设计要求，防止专业间不协调情况发生。

问题【2.7.3】

问题描述：

一体化饰面板之间拼缝不齐，缝宽大小不一。

原因分析：

1）一体化饰面板两侧的凹槽内可能有胶残留，导致板间的拼缝不能顶紧。

2）选用的一体化饰面板过薄，无法对侧边开槽，使饰面板间无法通过工字形连接件连接。仅通过工人手艺控制拼缝宽度，质量不稳定。

应对措施：

1）一体化饰面板在安装前用小刀将板两侧凹槽内的异物进行清理。

2）一体化饰面板宜采用 10mm 厚度以上的板材，以保证侧边能够开槽。

问题【2.7.4】

问题描述：

由于门洞口的影响，饰面板在门洞上方会出现非标准板材，不利于饰面板规格的标准化。

原因分析：

常见住宅内的饰面板规格为 600mm×2400mm，若门洞口大小为 800mm×2100mm，则门洞上方会出现 800mm×300mm 的非标准板。

应对措施：

门套采用门头板，可以减少门上方的非标准板（图 2.7.4）。

图 2.7.4　门套采用门头板示意图

问题【2.7.5】

问题描述：

在墙体中埋管线时，无法避免剔槽产生建筑垃圾，以及对周边环境的噪声影响。

原因分析：

传统装修的常见问题。

应对措施：

可采用调平龙骨挂饰面板，饰面板与墙体间存在空腔，可利用该空腔设置内保温层，减少传统做法内隔热的人工及局部材料成本。可结合墙面的空腔做到管线分离，取消土建主体结构的管线预留预埋，避免传统墙面拆改的砸、剔、凿（图 2.7.5）。

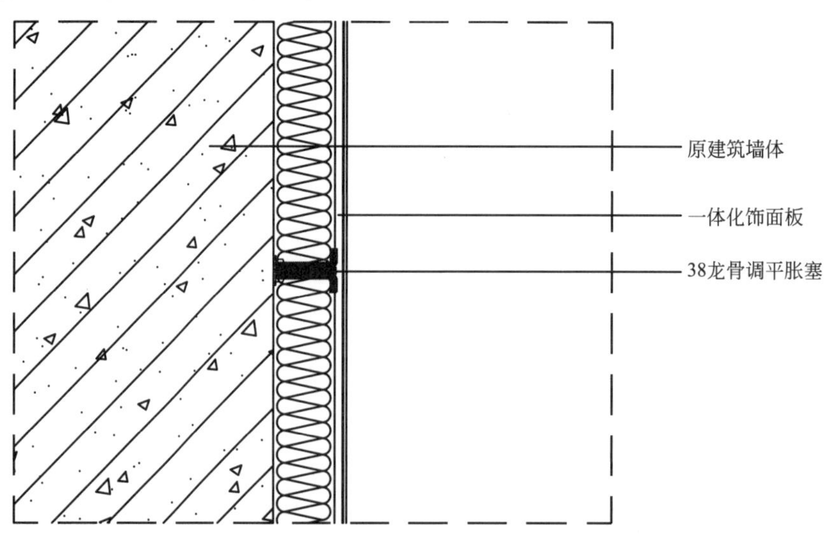

图 2.7.5　调平龙骨体系示意图

问题【2.7.6】

问题描述：

卫生间、厨房等区域瓷砖铺贴时出现较多非整砖，需大量进行现场裁切。

原因分析：

整个建筑功能空间没有采用标准化、模数化的设计思路。

应对措施：

标准化的厨卫模块需要统一进行模数协调，建议以300mm为基准模数进行空间设计（图2.7.6）。市场上的300mm×300mm的地砖市场占有率高，采用该规格的地砖模数数列，比较容易实现产业化供应链和产品规模化带来的效益提升。

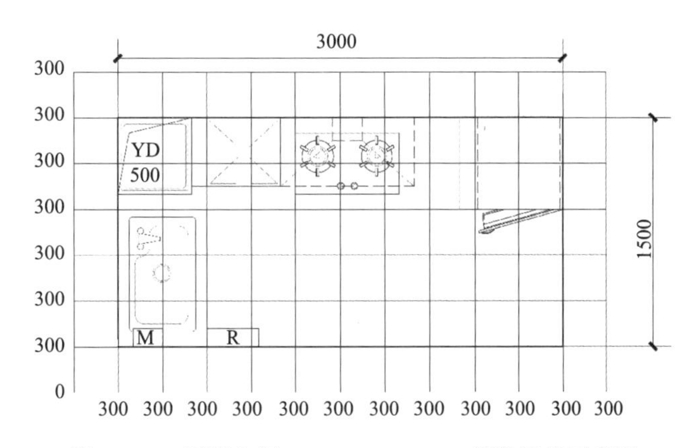

图2.7.6　厨房空间300mm×300mm模数网格示意图

2.8　选材问题

问题【2.8.1】

问题描述：

湿区保温层饰面遇水发霉、破损，瓷砖脱落，影响使用（图2.8.1）。

原因分析：

建筑设计内保温材料未考虑建筑干湿区功能区别，湿区保温层饰面采用了石膏板材料。在湿区，空气中水分在墙面凝结或者墙面容易遇水，导致墙面大面积出现发霉，进而产生墙面破损和瓷砖脱落的问题。

应对措施：

1）了解保温层的材料性能和使用条件，湿区采用水泥类材料。

2）室内防水包括涉水楼地面及内墙面，其设计应根据建筑类型、使用要求、选用材料、设备

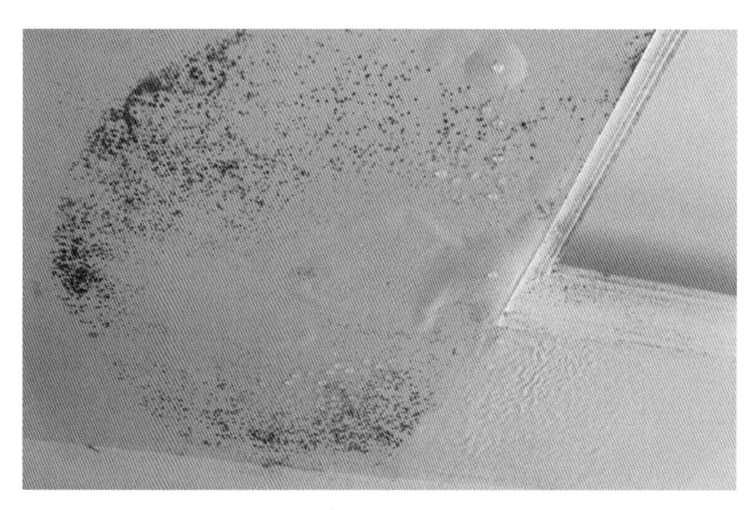

图 2.8.1　湿区保温层发霉

安装等因素合理选定材料品种及厚度。室内防水设防等级及适用范围应满足表 2.8.1-1 的规定，室内防水方案可参照表 2.8.1-2、表 2.8.1-3 选用。

室内防水设防等级及适用范围　　表 2.8.1-1

防水等级	适用范围
Ⅰ级	重要的公共建筑、民用建筑及高层建筑的厕、浴、厨房
Ⅱ级	一般民用建筑的厕、浴、厨房

室内地面设防设计方案　　表 2.8.1-2

代号	防水等级	防水方案
SDI-1	Ⅰ级	第一道：1.5mm 厚聚氨酯防水涂料（填充或架空层下部） 第二道：1.5mm 厚聚氨酯防水涂料（填充或架空层上部）
SDI-2	Ⅰ级	第一道：1.5mm 厚聚氨酯防水涂料（填充或架空层下部） 第二道：2.0mm 厚聚合物水泥防水涂料（Ⅱ型）（填充或架空层上部）
SDI-3	Ⅰ级	第二道：2.0mm 厚聚合物水泥防水涂料（Ⅱ型）（填充或架空层下部） 第二道：2.0mm 厚聚合物水泥防水涂料（Ⅱ型）（填充或架空层上部）
SDI-4	Ⅰ级	第一道：1.5mm 厚聚氨酯防水涂料（填充或架空层下部） 第二道：2.0mm 厚聚合物水泥防水浆料（填充或架空层上部）
SDI-5	Ⅱ级	2.0mm 厚聚氨酯防水涂料
SDI-6	Ⅱ级	2.0mm 厚聚合物水泥防水涂料（Ⅱ型）

注：防水材料厚度指单道防水层最小厚度。

室内墙面设防设计方案　　表 2.8.1-3

代号	防水等级	防水方案
SQI-1	/	1.2mm 厚聚合物水泥防水涂料（Ⅱ型）
SQI-2	/	2.0mm 厚聚合物水泥防水浆料
SQI-3	/	3.0mm 厚聚合物水泥防水砂浆

注：防水材料厚度指单道防水层最小厚度。

2.9　专业间配合问题

问题【2.9.1】

问题描述：

阳台U型构件尺寸深度超过600mm，建筑计算按全面积计算（图2.9.1）。

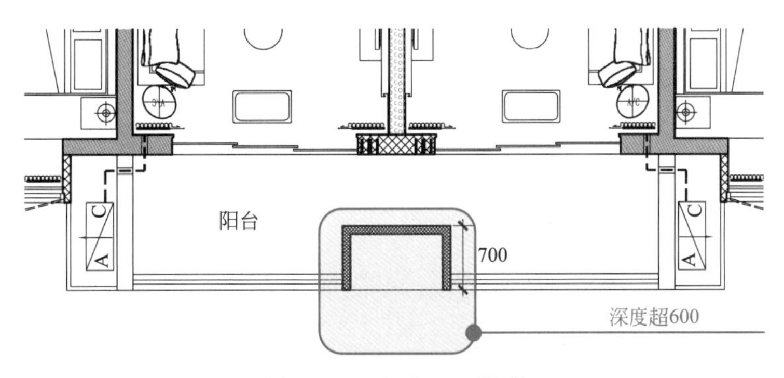

图2.9.1　阳台U型构件

原因分析：

设计人员对建筑面积计算全面积的范围不熟悉，没有根据《建筑面积计算规范》的要求来计算阳台U型构件的面积。

应对措施：

1）涉及建筑面积计算的构件须与建筑专业核实清楚，原则上构件在满足空调机位的前提下保持构件外轮廓不变，构件向内增加需要厚度。

2）根据《建筑面积计算规范》的要求来计算预制构件的建筑面积。

问题【2.9.2】

问题描述：

各专业预埋件等没有设计到预制构件详图中，导致现场后锚固或者凿除混凝土，影响结构安全。

原因分析：

各专业未能有效协同起来，尤其是机电专业，按照传统现浇的设计习惯没有及时提资或者随意更改，忽略了各专业预埋件等在预制构件详图中的设计和表达，图纸的校对和修改不及时。

应对措施：

1）建立以建筑设计师牵头的设计协同体系，预制构件详图应有各专业的会审，同时采用BIM技术进行校核。

2）应及时对各专业预埋件等在预制构件详图中的设计和表达进行校对和修改，避免缺漏。

问题【2.9.3】

问题描述：

预制构件与现浇部分连接节点不匹配，导致后期安装出现问题。

原因分析：

各专业未能有效协同起来，尤其是机电专业，按照传统现浇的设计习惯没有及时提资或者随意更改设计，导致专业间协同不好，预制构件与现浇部分连接节点的设计不明确，没有在施工图上给出连接节点的设计大样图。

应对措施：

1）建立以建筑设计师牵头的设计协同体系，预制构件详图应有各专业的会审，同时采用 BIM 技术进行校核。

2）明确预制构件与现浇部分连接节点的设计问题，应在施工图上给出连接节点的设计大样图，方便现场施工的安装连接。

问题【2.9.4】

问题描述：

遗漏外墙金属窗框、栏杆、百叶等防雷接地的预埋，导致建筑防侧击雷不满足要求，埋下安全隐患。

原因分析：

不了解装配式建筑与传统现浇的区别，专业间配合不到位。忽略了各个专业的预埋件在预制构件施工图上的布置和设计表达，图纸的校核以及修改不及时，导致了预制构件在生产时遗漏外墙金属窗框、栏杆、百叶等防雷接地等的预埋。

应对措施：

1）建立以建筑设计师牵头的设计协同体系，预制构件详图应有各专业的会审，采用标准化设计统一措施进行管控。

2）在预制构件施工图纸上应及时校核和修改各个专业的预埋件在图上的布置和设计表达情况，必要时需给出预埋件在构件中的大样图。

问题【2.9.5】

问题描述：

预制凸窗未预留空调排水管安装孔。

原因分析：

凸窗空调机位位置，须提前预留空调安装孔位。如果在预制构件图纸上没有预留空调安装孔位，或者预留孔位不准确，将会造成在凸窗空调机位无法安装空调，需要对预制凸窗相应位置进行打孔，对预制构件的质量造成影响，也会造成施工麻烦，增加成本。

应对措施：

预制构件设计与各专业须紧密配合，机电专业、装修专业应提前介入，考虑空调安装位置，提供准确地预留孔洞点位，图 2.9.5 中 K3 为空调预留洞口。

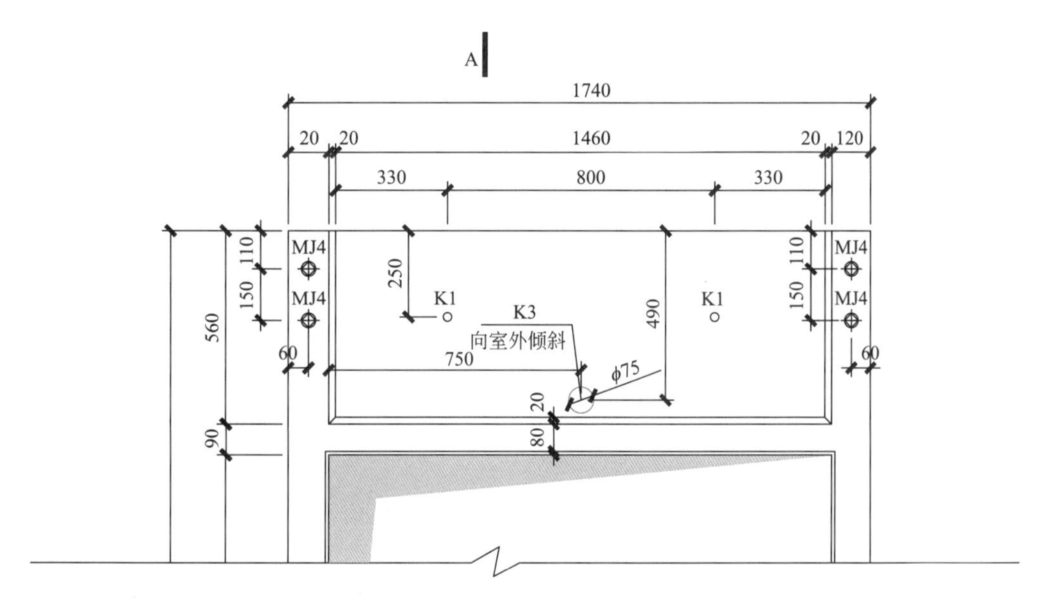

图 2.9.5　空调预留洞口

问题【2.9.6】

问题描述：

预制构件深化或生产时遗漏防雷接地预留预埋，后期需要现场明敷。

原因分析：

设计人员在预制构件施工图纸上没有表达防雷接地的预留预埋，导致生产预制柱时，防雷接地线没有在构件中暗埋，只能在现场明敷，给施工带来不便，并且留下安全隐患（图 2.9.6）。

图 2.9.6　预制柱防雷接地线暗埋

应对措施：

装配式建筑结构初步设计时应与各专业紧密配合，在施工图和构件深化阶段应充分考虑预制构件上的预留预埋，并且对图纸进行及时校核和修改，避免疏漏。

问题【2.9.7】

问题描述：

预制构件生产完成后，机电管线产生变更，导致原有洞口取消或者现场开洞问题；待结构施工图完成后预制构件或者连接节点导致结构布置产生变化（图 2.9.7）。

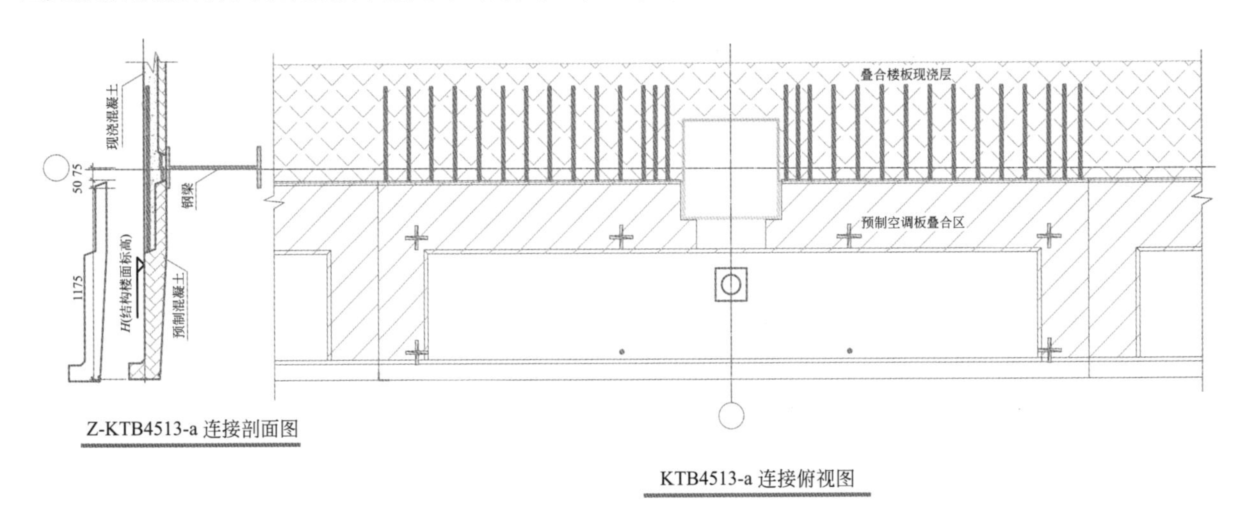

图 2.9.7　预制阳台洞口

原因分析：

1）机电专业或者构件深化介入较晚。

2）各专业设计产生碰撞未进行提前检查。

应对措施：

利用 BIM 专业提前进行模型检查或者正向设计，构件深化专业尽早介入，从而减少产生不必要的方案变更，导致重复工作。

第 3 章　构件生产运输常见问题

3.1　构件生产问题

问题【3.1.1】

问题描述：

叠合板桁架筋弯折或变形（图 3.1.1），将会影响水电线管、板面钢筋铺设。

图 3.1.1　叠合板桁架筋弯折或变形

原因分析：

叠合板在堆放或者施工时，桁架钢筋被重物压弯变形或产生了碰撞。叠合板桁架筋产生弯折变形或者制作、定位不规范，将会影响水电线管、板面钢筋铺设，造成钢筋保护层不足、现浇层厚度偏小等问题。

应对措施：

1）预制构件生产方应严格按设计图纸进行钢筋下料，必要时可采取工装固定措施确保桁架钢筋位置。

2）制作桁架筋宜采用自动化设备进行加工，确保桁架筋弦杆和腹杆焊接牢固可靠。

3）叠合板的堆放或者施工应合理管理，避免叠合板上的桁架钢筋被重物压弯变形或产生了碰撞。

4）设计足够的现浇层厚度，建议不小于 80mm。

问题【3.1.2】

问题描述：

预制构件外露钢筋变形（图 3.1.2），影响预制构件与现浇结构的连接。

图 3.1.2　预制构件外露钢筋变形

原因分析：

外露钢筋设计长度过大，或运输过程未采取有效保护措施，导致预制构件的外露钢筋发生碰撞或者受到外物的压力产生变形。

应对措施：

1）预制构件生产方可与设计、施工单位沟通协调改进设计，调整外露钢筋长度、出筋方式，以满足生产运输要求。

2）预制构件的外露钢筋在运输过程应采取有效保护措施，避免钢筋发生变形，影响施工。

问题【3.1.3】

问题描述：

柱或墙设计的出浆孔和灌浆孔错乱，施工时，无法准确灌浆（图 3.1.3）。

原因分析：

设计时，未对管口定位，或构件生产时工装不到位。

应对措施：

1）合理设置灌浆孔、出浆口，生产振捣时采取有效措施防止错位。

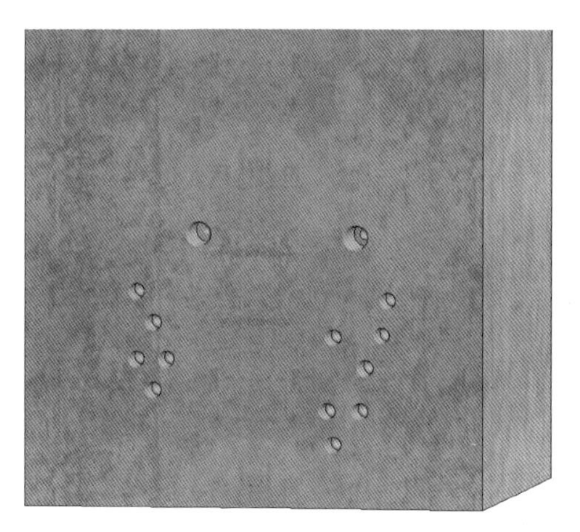

图3.1.3 灌浆管口、出浆管口产生错位

2）提高预制构件的生产工艺，对灌浆管口和出浆管口进行精确定位和固定。

问题【3.1.4】

问题描述：

桁架钢筋露出混凝土表面偏低（图3.1.4）。

图3.1.4 桁架钢筋露出混凝土表面偏低

原因分析：

1）叠合层厚度偏薄，或者预制板生产的实际厚度较设计厚度偏厚。
2）桁架钢筋与板底主受力方向钢筋放置于同一水平面上。
3）桁架钢筋在生产制作过程中产生了负误差。
4）桁架钢筋的设计高度偏小。

应对措施：

1）叠合板设计时加大现浇层厚度，建议不少于80mm。
2）进行预制板设计时，应明确预制板的设计厚度，以及桁架钢筋的设计高度，并且在预制构件的施工图纸中标出，必要时应与预制构件加工厂进行技术交底。

3）应提高预制构件的生产工艺，避免在生产过程中，桁架钢筋在预制楼板中的布置位置产生误差。

问题【3.1.5】

问题描述：

桁架钢筋露出混凝土表面偏高（图 3.1.5）。

图 3.1.5　桁架钢筋露出混凝土表面偏高

原因分析：

1）设计桁架钢筋高度错误。

2）桁架钢筋在制作过程中产生正误差。

3）桁架钢筋本身翘曲，使桁架局部偏高。

4）预制板设计厚度偏厚，或者预制板生产的实际厚度较设计厚度偏薄。

应对措施：

1）进行预制板设计时，应明确预制板的设计厚度，以及桁架钢筋的设计高度，并且在预制构件的施工图纸中标出，必要时应与预制构件加工厂进行技术交底。

2）应提高预制构件的生产工艺，避免在生产过程中，桁架钢筋在预制楼板中的布置位置产生误差。

问题【3.1.6】

问题描述：

板侧伸出钢筋偏短（图 3.1.6）。

图 3.1.6 板侧伸出钢筋偏短

原因分析：

1）设计长度错误。

2）钢筋下料时产生误差，钢筋下料长度偏短。

3）振动台振动过程中，构件中的钢筋产生了位移，导致板的一侧钢筋伸出偏短，另一侧钢筋伸出偏长。

应对措施：

1）对于叠合板板侧伸出钢筋长度不足的情形，应在长度偏短一侧贴焊同直径钢筋，焊缝长度单面焊为 $10d$，双面焊为 $5d$，使得焊接后的钢筋长度满足规范锚固长度和连接的要求。

2）在叠合板板侧伸出钢筋长度不足的钢筋端部采用机械锚固的措施。

3）构件加工图中应注意钢筋伸出长度满足规范要求且注明构件钢筋所需要的长度，避免钢筋下料过短。

4）应提高预制构件的生产质量，采取固定预制构件钢筋位置的措施来防止在振动过程中钢筋产生位移。

问题【3.1.7】

问题描述：

预应力值偏差（图 3.1.7），将会导致预制构件的预应力偏小而减小构件的刚度，增加挠度。

原因分析：

预应力混凝土构件产生预应力值偏差的原因，一方面是由于构件施工时钢筋张拉力不准确产生的预应力值偏差，另一方面是由于预应力混凝土生产工艺和材料的固有特性等原因，预应力筋的应力值从张拉、锚固直到构件安装使用的整个过程中不断降低（称为预应力损失）。预应力损失主要有：

1）张拉端锚具滑移或螺帽、垫板缝隙的压实引起的预应力损失。

2）后张法预应力混凝土的预应力钢筋与孔道间的摩擦引起的预应力损失；先张法预应力混凝土中的折线预应力钢筋张拉时，在折点处的摩擦引起的预应力损失。

3）对先张法预应力混凝土构件蒸汽养护时引起的预应力损失。

4）预应力钢筋松弛引起的预应力损失。

图 3.1.7　预应力值偏差

5）混凝土收缩、混凝土徐变引起的预应力损失。

6）直径不大于 3 m 的环形截面构件，由于环向预应力钢筋对混凝土构件的局部挤压引起的预应力损失。

7）张拉或放松预应力钢筋时，由于构件混凝土的弹性压缩引起的预应力损失。

应对措施：

1）预应力值提前在张拉机上设置好，工人采用自动张拉模式，质检员现场监督，每台设备每周必须进行一次张拉力校对，并做好记录。

2）对于预应力损失造成的预应力值偏差问题，可以选择变形钢筋内缩小的夹具和锚具、进行超张拉、选择强度较高的混凝土和高标水泥、降低水泥用量，以及减少水灰比等措施。

问题【3.1.8】

问题描述：

预应力楼板下挠（图 3.1.8）。

图 3.1.8　预应力楼板下挠

原因分析：

1）梁板预制时，预应力筋张拉过早，随着混凝土收缩和徐变的进行，将导致预应力的损失，从而造成了预应力楼板挠度增加。

2）预应力张拉时，实际控制张力不足，或设计控制张力不足。

3）混凝土里面添加了早强剂等外加剂，引起混凝土后期强度下降，构件挠度增加。

4）锚具失效或预应力束孔道压浆不良，造成预应力筋与混凝土间的握裹性能下降，而导致预应力损失。

应对措施：

1）预应力楼板的预应力筋放松、张拉的强度必须达到设计值75%以上。

2）预应力筋张拉力控制系数宜为0.7。

3）预应力楼板的板厚和肋高必须符合设计要求。

问题【3.1.9】

问题描述：

预应力双T板卡模（图3.1.9），会导致预制构件的拆模困难。

图3.1.9　预应力双T板卡模

原因分析：

预应力双T板的两根肋之间存在内凹部位，该部位的模板与预制构件之间紧贴在一起，不容易拆除模板。

应对措施：

起吊预应力双T板时，首先预制构件两头的模板松动后才能起模，其次松动时要注意，预制构件两端应同时受力。

问题【3.1.10】

问题描述：

管路扭曲变形（图3.1.10），进、出浆管及排气孔不通畅。

图 3.1.10　管路扭曲变形

原因分析：

管路扭曲变形，导致管道堵塞，以及排气孔不通畅。

应对措施：

浇筑前对进出浆管接头及管路情况 100%检查，避免管路产生扭曲变形。

问题【3.1.11】

问题描述：

套筒内进入水泥浆（图 3.1.11），需要将内部凝结硬化的水泥凿除，后期清理套筒困难。

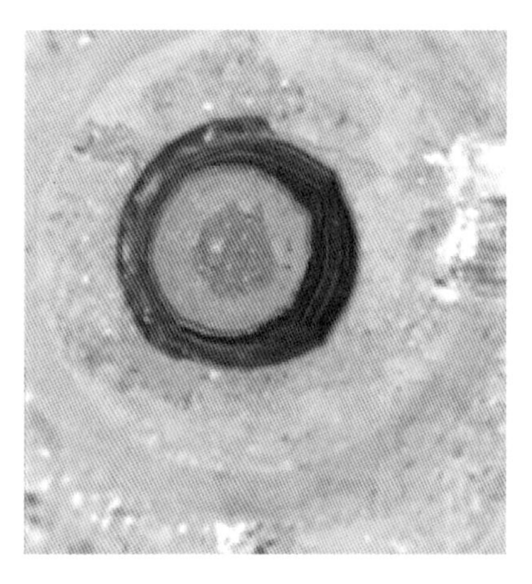

图 3.1.11　套筒内进入水泥浆

原因分析：

套筒固定不牢，在混凝土振捣过程中浆体渗漏进入套筒腔内。

应对措施：

1）构件脱模后用肉眼观察，若发现有水泥浆进入套筒，应及时清理。

2）在振捣过程中应避免振捣棒直接振捣套筒区，可采用平板振捣器。

问题【3.1.12】

问题描述：

注浆孔堵塞（图3.1.12），造成后期清理困难。

图3.1.12　注浆孔堵塞

原因分析：

1）可采用孔径相匹配的注浆管、套筒和固定座，同时用钢丝加固缠绕。

2）固定座可采用带有磁性和直接焊接到底模上两种方法，磁性固定座的磁力需要保证周转次数。

应对措施：

1）堵塞变形不严重的，可将注浆孔附近混凝土凿去，待灌完浆后再重新修补缺口。

2）堵塞变形严重的，须采取专项维修方案重新更换堵塞的注浆孔。

问题【3.1.13】

问题描述：

预制构件表面麻面、蜂窝等（图3.1.13），影响预制构件的强度和质量。

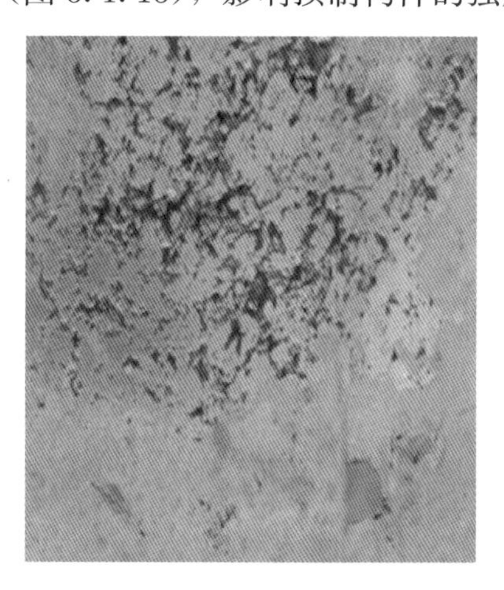

图3.1.13　预制构件表面麻面、蜂窝

原因分析：

由于在预制构件制作过程中模板漏浆、振捣不足或过度、跑漏浆严重、制作验收不到位所造成的配合比不符合施工要求、进料把关不严等，导致预制构件表面麻面、蜂窝。

应对措施：

1）进料把关不严，确保粗细骨料中无杂质，水泥及外加剂符合要求。

2）配合比由中心实验室提供，掺引气剂，选高标号水泥。

3）生产前对混凝土工人进行岗前培训，严格按照规范捣固、施工，操作必须达到规范、熟练。

4）根据不同岗位职责，合理配备专业人员，避免窝工，最大化利用人员。

5）根据有关规章制度，明确设备维护责任人，定期对搅拌设备、振捣设备进行检修。确保机械在使用过程中不影响混凝土质量。

问题【3.1.14】

问题描述：

预制构件出现孔洞，影响预制构件的强度和质量。

原因分析：

1）在钢筋较密的部位或预留孔洞和埋件处，混凝土下料被挡住，未振捣就继续浇筑上层混凝土。

2）混凝土离析，砂浆分离，石子成堆，严重跑浆，又未进行振捣。

3）混凝土一次下料过多、过厚，振捣器振捣不到，形成松散孔洞。

4）混凝土内掉入泥块等杂物，混凝土被卡住。

应对措施：

1）在钢筋密集及复杂部位，采用细石混凝土浇灌。

2）认真分层振捣密实，严防漏振。

3）砂石中混有黏土块、模具工具等杂物掉入混凝土内，应及时清除干净。

问题【3.1.15】

问题描述：

预制构件钢筋露出（图3.1.15），钢筋容易发生锈蚀，存在安全隐患。

原因分析：

1）在灌浆混凝土时，钢筋保护层位移垫块太少或漏放，致使钢筋紧贴模具外露。

2）钢筋过密，石子卡在钢筋上，使水泥砂浆不能充满钢筋周围。

3）混凝土配合比不当，产生离析。

4）混凝土保护层太小或保护层处混凝土漏振或振捣不实。

5）脱模过早，拆模时缺棱掉角。

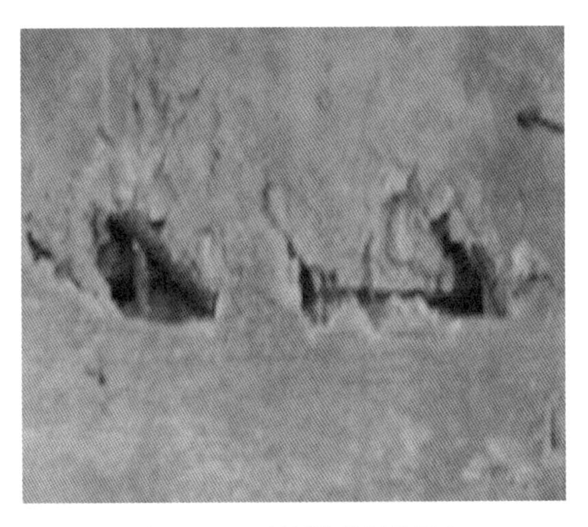

图 3.1.15 预制构件钢筋露出

应对措施：

1）钢筋保护层垫块厚度、位置应准确，垫足垫块，并固定好，加强检查。

2）钢筋稠密区域，按规定选择适当的石子粒。

3）保证混凝土配合比准确。

4）模板应认真堵好缝隙。

5）正确掌握脱模时间。

问题【3.1.16】

问题描述：

构件产生裂缝（图 3.1.16），影响预制构件的质量且钢筋容易腐蚀，存在安全隐患。

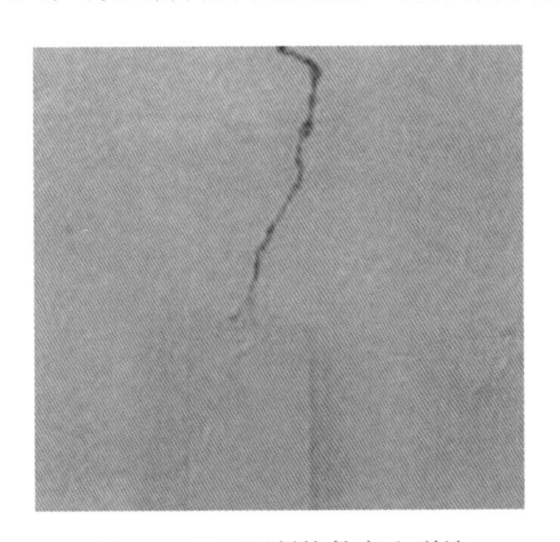

图 3.1.16 预制构件产生裂缝

原因分析：

1）混凝土失水干缩引起的裂缝：成型后养护不当，表面水分散失快。

2）采用含泥量大的粉砂配制混凝土，收缩大，抗拉强度低。

3）蒸汽养护过程中升温、降温过快。

4）钢筋保护层过大或过小。

应对措施：

1）成型后及时覆盖养护，保湿、保温。

2）优化混凝土配合比，控制混凝土自身收缩。

3）控制混凝土水泥用量，水灰比和砂率不要过大。

4）生产过程严格按照图纸及变更施工，保护钢筋保护层厚度符合要求。

问题【3.1.17】

问题描述：

预制构件表面色差（图 3.1.17），具有混凝土缺陷，影响构件外观。

图 3.1.17　预制构件表面色差

原因分析：

1）原材料变化及配料偏差。

2）搅拌时间不足，水泥和砂石搅拌不均匀。

3）由于混凝土的过振造成混凝土离析，形成类似裂缝状的缺陷影响外观，并引起不必要的麻烦。

4）由于混凝土的不均匀或者浇筑过程中出现较长的时间间断，造成混凝土接茬位置形成青白颜色不均匀的色差。

5）模板表面不光洁，未将模板清理干净。

6）模板漏浆，脱模剂涂刷不均匀。

7）局部缺陷修复后的结果。

8）养护不稳定。

应对措施：

1）对钢模板内表面进行抛光处理，保证内表面清洁。模板接缝处理要严密，防止漏浆。模板脱模剂应涂刷均匀，防止模板黏皮和脱模剂不均造成的色差。

2）严格控制混凝土配合比，做到计量准确，保证拌和时间，混凝土拌和均匀，坍落度适宜。

3）严格控制混凝土的入模温度和模板温度，防止因温度过高导致贴模的混凝土提前凝固。浇筑过程连续，因特殊原因需要暂停的，停滞时间不能超过混凝土的初凝时间。

4）严格控制混凝土搅拌时间。

5）蒸汽养护时，严格控制升温速度、最高温度和降温速度，做好记录。

问题【3.1.18】

问题描述：

预埋件尺寸偏差（图3.1.18），需要对预制构件重新开凿孔洞，施工麻烦，影响预制构件的质量。

图3.1.18　预埋件尺寸偏差

原因分析：

1）设计人员在预制构件施工图上没有对预埋件尺寸进行明确表达。

2）没有进行施工交底，构件厂制作的预埋件产生尺寸误差。

应对措施：

1）深化设计阶段采用BIM模型进行预埋件碰撞检测。

2）采用磁盒、夹具等固定预埋件，必要时采用螺钉拧紧。

3）加强过程检验，落实“三检”制度。

4）浇筑混凝土过程中，避免振动棒直接碰触钢筋、模板、预埋件等；在浇筑混凝土完成后，认真检查每个预埋件的位置，及时发现问题，并进行纠正。

问题【3.1.19】

问题描述：

注浆孔堵塞或者孔口变形，后期清理困难（图3.1.19）。

原因分析：

1）注浆孔固定不牢，在混凝土振捣过程中浆体渗漏进入注浆孔内。

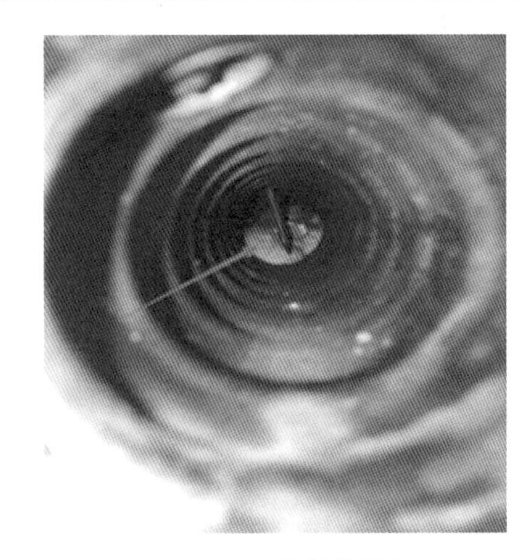

图 3.1.19　注浆孔堵塞

2）在振捣混凝土过程中，没有采取有效措施来约束孔口，孔口在混凝土侧压力的作用下产生变形。

应对措施：

1）可采用孔径相匹配的注浆管、套筒和固定座，同时用钢丝加固缠绕。

2）固定座可采用带有磁性和直接焊接到底模上两种方法，磁性固定座的磁力需要保证周转次数。

3）在振捣过程中应避免振捣棒直接振捣套筒区，可采用平板振捣器。

问题【3.1.20】

问题描述：

构件尺寸偏差超出误差允许范围（图 3.1.20），造成预制构件安装困难或者无法安装。

图 3.1.20　构件尺寸偏差

原因分析：

1）预制构件的模板尺寸较设计尺寸出现了较大偏差，导致在模板中制作的构件尺寸出现偏差。

2）由于设计人员或施工人员的失误，对预制构件的尺寸不明确，从而造成了构件尺寸出现偏差。

3）在振捣混凝土过程中由于模板刚度不足或者模具松动和变形，造成了构件尺寸出现偏差。

应对措施：

1）优化模板设计方案，确保模板构造合理，刚度足够完成任务。

2）施工前认真熟悉设计图纸，首次生产的产品要对照图纸进行测量，确保模具合格，构件尺寸正确。

3）模板支撑机构必须具有足够的承载力、刚度和稳定性，确保模具在浇筑混凝土及养护的过程中，不变形、不失稳、不跑模；振捣工艺合理，模板不受振捣影响而变形；在浇筑混凝土过程中，及时发现松动、变形的情形，并及时补救。

3.2　堆放、运输问题

问题【3.2.1】

问题描述：

板式预制构件叠放方式错误或层数超过 6 层，产生裂缝或变形（图 3.2.1）。

图 3.2.1　叠合板支撑未垂直桁架钢筋方向

原因分析：

1）板式预制构件叠放时，支撑位置未在统一位置，造成预制构件损伤开裂、变形等。

2）叠合板未按照标准规范要求堆放，由于支撑点少、堆放层数过高等因素造成叠合板裂缝、挠度等问题。

应对措施：

1）严格按照规范要求进行堆放：预制楼板、叠合板、阳台板和空调板等构件宜平放。

2）预制构件多层叠放时，每层构件间的垫块应上下对齐。

3）叠合板码放须定制方案，从层高、支撑点、木方摆放、吊装等方面确定码放标准和程序。

3.3　质量问题

问题【3.3.1】

问题描述：

预制构件缺棱掉角（图3.3.1），造成构件保护层厚度不足，钢筋容易锈蚀。

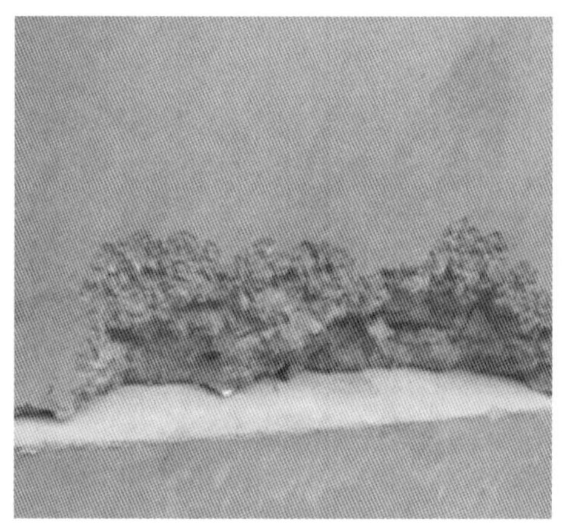

图3.3.1　预制构件缺棱掉角（图片引自参考文献［6］）

原因分析：

1）未对棱角采用有效保护措施，也未采用倒角或圆角设计。

2）拆模过早，造成混凝土角随模板拆除破损。

3）拆模操作过猛，边角受外力或重物撞击时保护不好，棱角被碰掉。

4）木模板未充分浇水润湿或湿润不够，混凝土浇筑后模板吸水膨胀将边角拉裂，拆模时棱角被黏掉。

5）模板残渣未清理干净，未涂隔离剂或涂刷不匀。

应对措施：

1）控制拆模强度，预制构件生产达到规定的龄期和强度后方可拆模。

2）拆模时注意保护棱角，避免用力过猛。

3）木模板在浇筑前应润湿，混凝土浇筑后应认真养护。

4）模具边角位置要清理干净，不得黏有杂物。

5）预制构件生产方应加强预制构件的成品保护措施，也可与设计单位沟通协调，将阴阳角采用倒角或圆角设计。

问题【3.3.2】

问题描述：

预制构件粗糙面质量达不到规范要求。

原因分析：

1）此处为预制凸窗构件与现浇混凝土的交接面（图3.3.2），按规范要求粗糙程度凹凸≥6mm。粗糙面质量关系到新、旧混凝土结合好坏，关系到构件的安全性。

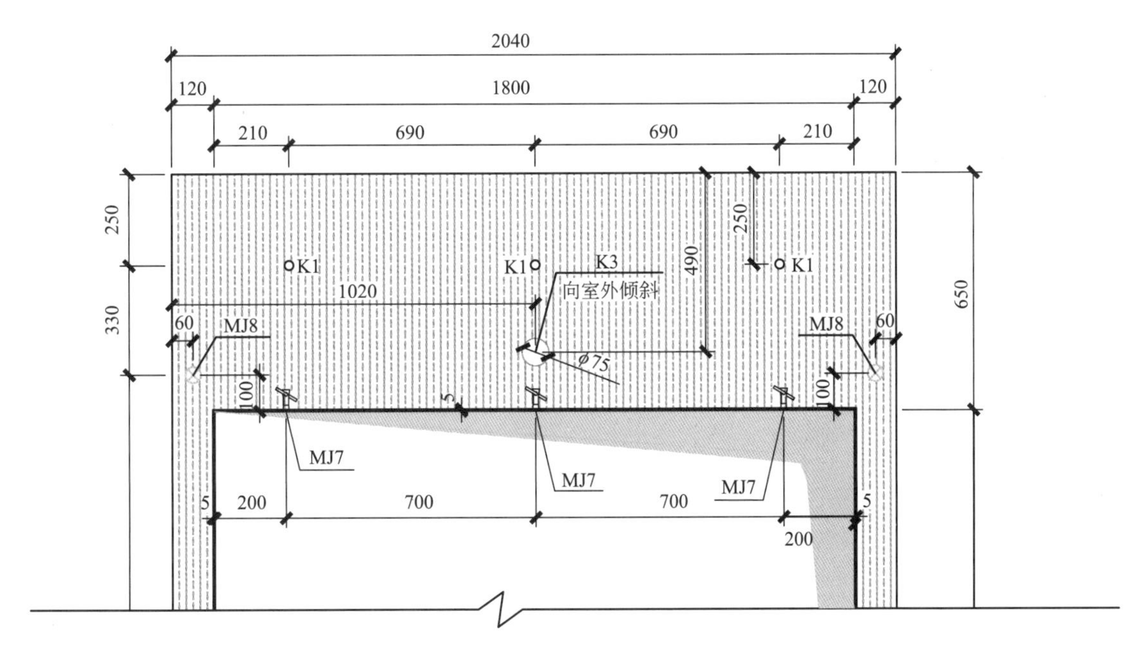

图3.3.2　预制凸窗构件尺寸布置图

2）操作工人对粗糙面的粗糙度及位置认识不清；操作人员责任心不强；采用化学方法形成时，需做粗糙面的面层未涂刷缓凝剂或构件脱模后未及时对粗糙面处理。

3）机械未调试合适或机械故障，导致粗糙面拉毛深度不足或出现白板现象。

4）技术交底未明确粗糙面的粗糙度或未交底等原因。

5）缓凝剂质量较差，无法满足粗糙面要求。

应对措施：

1）加强落实三级交底制度（公司级、车间级、班组级），并严格执行交底内容，严格控制粗糙面生产质量，不满足规范要求的不予出厂。

2）无论采用机械、化学或人工粗糙面处理时，构件批量生产前，首先制作样板，粗糙面效果达到要求后，方可批量生产。

3）技术交底内容应具有指导性、针对性、可行性；车间级技术交底内容更应全面，具有指导性和可操作性。

4）缓凝剂应选择市场口碑好，质量效果好的产品，进场后小批量按照要求进行操作，若质量效果较差及时退厂，禁止使用。

第 4 章　施工安装常见问题

4.1　吊装问题

问题【4.1.1】

问题描述：

预制构件起吊时吊点处混凝土开裂或破坏，存在安全隐患（图 4.1.1）。

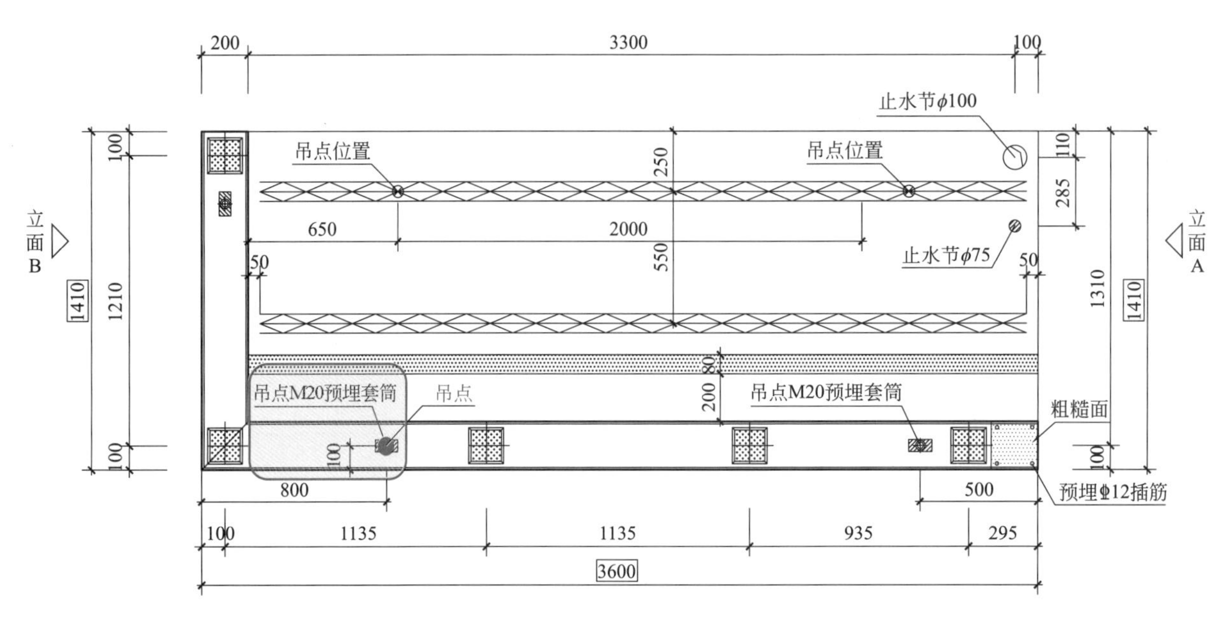

图 4.1.1　预制构件吊点位置图

原因分析：

1）预制构件吊点位置按经验设置，未进行受力计算，导致吊点位置设置不当，吊点位置的混凝土出现了应力集中现象，引起吊点位置的混凝土受拉开裂或破坏。

2）预制构件起吊或堆放时，受力状况与设计不符，导致混凝土构件开裂。

3）预制构件在吊点处没有采取起吊的补强措施。

应对措施：

1）预制构件吊点位置设计应经受力计算确定，保证吊点位置的构件拉应力不超过混凝土的开裂应力，且吊点位置距构件边缘不宜过近。

2）吊点在起吊时，应确保垂直受力。

3）应在预制构件的吊点处采取起吊的补强措施，如在吊点位置增加补强钢筋来承受吊点位置的拉应力。

问题【4.1.2】

问题描述：

在施工准备阶段，出现预制构件重量过重，超出塔吊覆盖范围或者因预制构件堆场过小，出现预制构件供应不上的情况，导致塔吊无法正常工作。

原因分析：

1）施工方选择塔吊时没有预留起重量余地，仅按照最重预制构件重量来选择塔吊型号，忽略铁扁担、吊索和容器重量等。

2）由于场地限制等原因导致预制构件堆场更换位置，超出塔吊工作半径。

3）工地管理混乱，出现其他施工器具设备占用构件堆场情况。

应对措施：

1）施工准备前，甲方、设计、总包、构件厂家各方之间应加强沟通，复核预制构件的重物重量、铁扁担、吊索和容器重量的总和，选择满足使用要求塔式起重机（图 4.1.2）。

2）方案阶段考虑多种突发情况，预留构件堆场空间。

3）工地管理规范化，避免出现其他施工器具设备占用构件堆场情况。

图 4.1.2　预制构件吊装图

问题【4.1.3】

问题描述：

在设计阶段，由于建筑立面要求，导致设计出尺寸较大的预制构件。大型预制构件在运输、吊装过程中存在问题（图 4.1.3）。

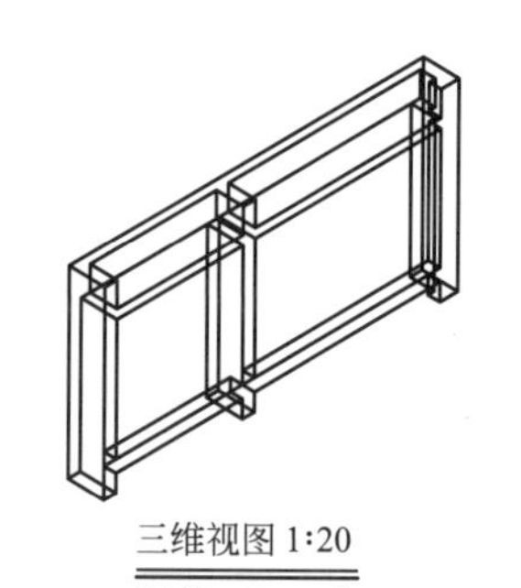

三维视图 1:20
(体积：2.13m³)

预埋配件明细表				
编号	图例	名称	数量	备注
MJ1		吊钉	3	5.0T
MJ3		预埋螺母套筒	21	M16×100
MJ4		预埋螺母套筒	6	M20×100
MJ5		预埋钢板	6	M10及钢板
MJ9		预埋螺母套筒	37	M18×100
MJ10		预埋窗框组件	--	详图PC-1-025

图例	
	视线方向
	水洗毛糙面
	预留孔洞(未注明时直径20mm)
	窗框预埋钢通(沿窗洞周边布置)
	现浇混凝土构件
	与主体结构结合面(水洗毛糙面，凹凸≥6mm)

预制构件材料强度		
混凝土强度等级		C30
脱模强度		$f_{cu,k}\geq15.0N/mm^2$
钢筋	Φ6，Φ8 Φ10，Φ12 Φ14	$f_y=360N/mm^2$ (HRB400) $L_{abe}=40d$

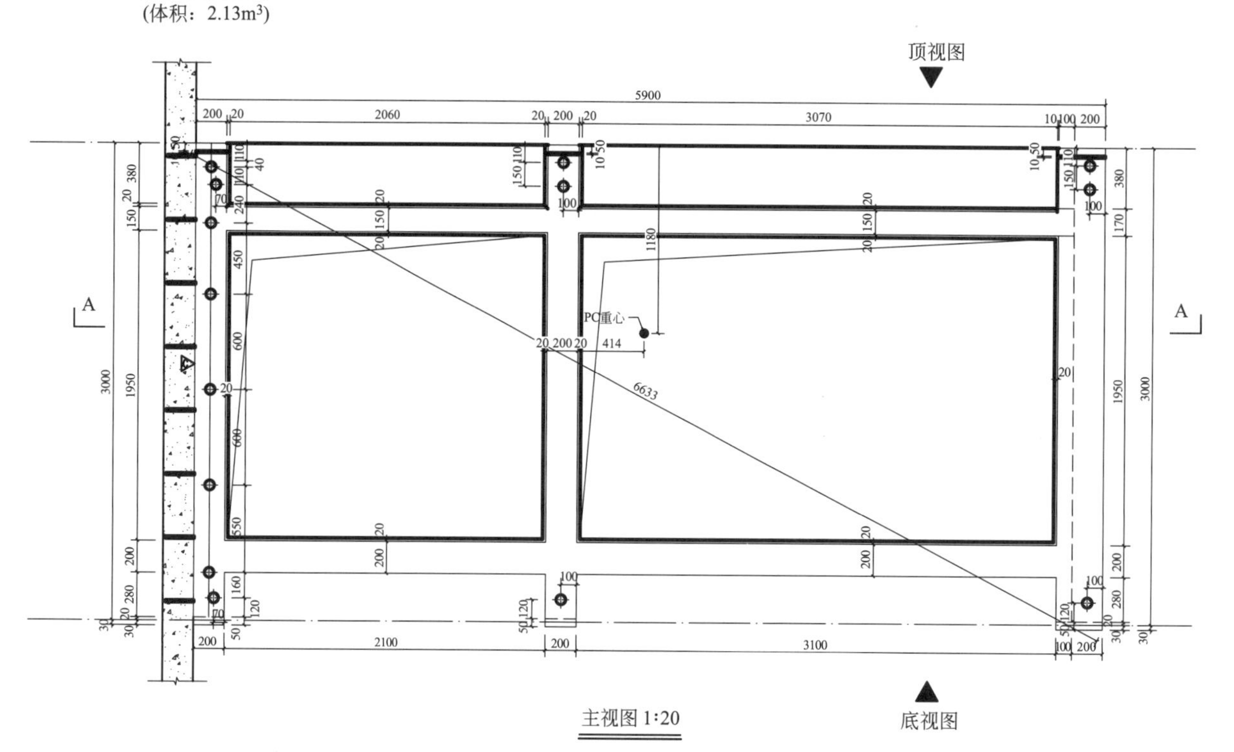

图 4.1.3　大型预制构件运输、吊装过程中存在问题

原因分析：

1）大型预制构件如连体凸窗，尺寸大、质量重，运输过程中有时还会发生构件放置不合理的现象，导致构件支撑不稳定，车辆承受的荷载不均匀。在这种情况下，很容易导致构件在运输过程中发生碰撞，另外由于构件放置不稳固，当车辆颠簸和晃动时也很可能导致构件损坏。

2）大型预制构件如连体凸窗由于构件高宽比较大、重心较高，安装时构件不容易就位，严重影响施工效率，并且在反复调试过程中容易造成构件损坏。同时，大型构件对塔吊要求更高。

应对措施：

1）建议在不降低品质、不破坏预制构件力学性能基础上，合理拆分大型预制构件，如连体凸窗可以拆分成两个小凸窗，尽量减少大型预制构件种类及数量。这样，在运输过程中对道路及车辆要求更低，能更加科学合理地定制运输路线，构件运输到施工现场之后卸车也更加便捷，同时能降低预制构件的损坏程度。

2）建议合理拆分大型预制构件，因为体积小的构件更容易安装定位，也能提高塔吊的工作效率，同时确保预制构件的质量从出厂、运输到安装过程中都能得到保障。

3）建议在设计阶段，在满足装配式要求的情况下，尽量选取规格尺寸合适的部位进行装配式设计。尽量避免设计尺寸过大的构件，并且需要提前和构件厂家、施工单位沟通，保证设计出来的构件便于生产、运输、安装。

4.2　定位及安装问题

问题【4.2.1】

问题描述：

预制外挂墙安装施工时，未按规范要求进行测量放线，设置安装定位标识；吊装就位后未及时校准，导致外墙上下层错位太多，露坎不平整，影响立面效果，并存在安全隐患（图4.2.1）。

图4.2.1　预制外挂墙安装错位

原因分析：

1）施工单位进行预制外挂墙安装施工前未按《装配式混凝土结构技术规程》JGJ 1—2014第12章规定进行测量放线、设置构件安装定位标识。

2）预制构件吊装就位后，未进行及时校准，导致上下层外墙错位过多，使立面露坎不平整，影响立面，同时导致预制外挂墙板实际受力与理论受力不一致，上下层墙板重心位置不重合，产生附加弯矩，存在安全隐患。

应对措施：

测量放线以及安装定位不仅能为下一道工序提供依据，而且能及时发现上一道工序所遗留下来的问题，使得其他专业的施工人员能够及时处理已经发生的质量问题，因此应根据规范要求重新进行测量放线、设置构件安装定位标识，并在预制构件重新吊装就位后进行及时校准，避免工程事故的发生。

问题【4.2.2】

问题描述：

当现浇框架梁两旁均为预制叠合楼板时，现场施工人员在吊装预制叠合楼板后未按规范要求进行精确定位并校准，导致现浇框架梁截面尺寸减小，且在梁纵筋摆放时未按规范要求摆放，使其全部重合在一起，影响结构框架安全（图4.2.2）。

图4.2.2　现浇框架梁截面尺寸过小、钢筋间距过密

原因分析：

1）现场施工人员在吊装两侧预制叠合楼板就位后，未进行及时校准，使预制叠合板侵入现浇框架梁内过多，导致现浇框架梁截面尺寸减小，不满足结构设计的梁截面宽度。

2）现浇框架梁的顶部钢筋全部重合在一起，不满足《混凝土结构设计规范》GB 50010—2010（2015年版）第9章梁上部钢筋水平方向净间距不小于30mm和1.5d的要求，无法保证混凝土浇筑质量，影响结构框架的安全性。

应对措施：

1）根据规范要求重新进行安装定位，对叠合板位置进行吊装整改，调整其至正确位置，并对现浇框架梁纵向钢筋进行重新排布绑扎，以满足规范钢筋净间距的要求。

2）应及时对叠合楼板的安装位置进行校准，确保叠合板的位置按规范要求进行精确定位。

问题【4.2.3】

问题描述：

叠合板板跨过大时，设宽缝处理；施工放置时，叠合板未对齐（错位）（图4.2.3），无法满足

图4.2.3　叠合板错位

拼装要求。

原因分析：

由于现场施工人员的失误，在吊装两侧预制叠合楼板、手扶楼板进行方向调整时，未将板的边线和墙上的安装位置线对准，导致叠合板未对齐。

应对措施：

1）对叠合板的位置重新进行测量放线与安装定位，重新调整叠合板的位置，对于板跨较大的叠合板，在起吊时应特别注意边线与板角的对齐。

2）应对叠合板的安装位置进行及时校准和精确定位。

问题【4.2.4】

问题描述：

构件设计或构件生产遗漏预埋管线，需后期开凿埋设（图4.2.4）。

原因分析：

由于设计人员的失误，预制构件预留线盒未设计接线管，或由于施工人员的纰漏，未按照施工图纸的规定精确标出线盒位置，导致现场遗漏线盒的预留位置，后期剔凿影响预制构件的质量且耗费时间。

应对措施：

1）深化设计应充分考虑给排水、电气、暖通等各个专业的相互配合与预留、预埋，在预制构件的相应位置上给出预埋件的布置和尺寸，必要时，应给出构件上预埋件的大样图。

2）施工人员应该严格按照图纸要求，预埋件应定位精确，预留正确的洞口尺寸，避免二次施工剔凿。

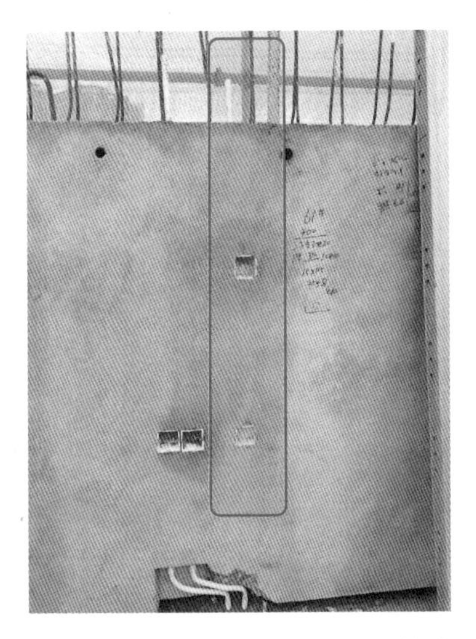

图 4.2.4　预制构件未预留预埋管线

问题【4.2.5】

问题描述：

预留竖向套管未考虑安装距离，后期无法安装（图 4.2.5）。

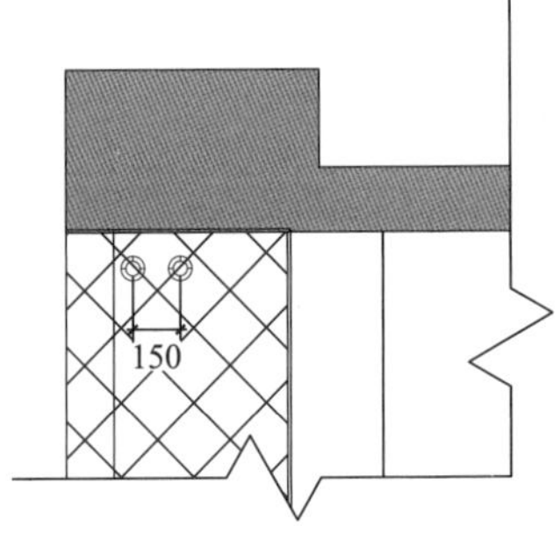

图 4.2.5　地漏与立管之间预留尺寸不足

原因分析：

设计人员进行设计时，未与各个专业协调配合，未考虑预埋地漏与立管实际安装尺寸，导致预制构件上两者间的预留尺寸不符合立管弯头的安装需求。

应对措施：

构件深化设计时，应考虑预埋立管或地漏的实际安装尺寸，确保专业间配合和施工相协调。

问题【4.2.6】

问题描述：

预制阳台的污水管及地漏应同在一直线上，地漏止水节到污水立管中心间距太小（图 4.2.6）。

原因分析：

设置地漏时，未考虑存水弯的尺寸，导致地漏止水节到污水立管中心间距设置过小，可能会导致排水管道安装困难或者不能精确安装到位。

应对措施：

地漏设计应考虑存水弯的尺寸，预留足够的排水管道安装空间，地漏止水节到污水立管中心间距至少 300mm。

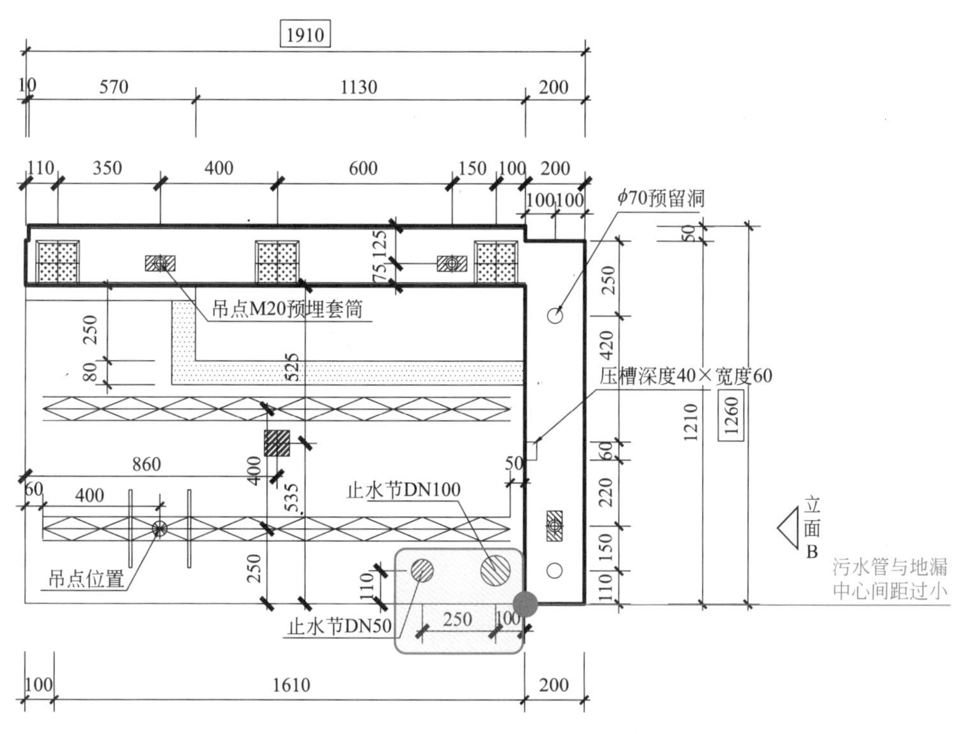

图 4.2.6　地漏设置不符合要求

问题【4.2.7】

问题描述：

首层预制凸窗下部反坎做成砌块，会造成强度不够，无法调节凸窗定位及影响施工安全（图 4.2.7）。

图 4.2.7　预制凸窗下部反坎做成砌块

原因分析：

1）主体浇筑时，没有考虑预制凸窗的安装问题，后期只能做砌块弥补。

2）砌块自身强度不够，无法支撑上部预制凸窗，若在此基础上继续使用撬棍对预制凸窗进行水平定位调节，会使砌块造成更大程度的破损，并且施工过程易发生安全事故。

应对措施：

1）此位置施工时，应与主体结构一起做成现浇处理，一次成型，成型效果较好，避免渗漏风险，并且减少凿毛、清理施工工序，降低施工成本，提高施工功效，同时保证支撑预制凸窗的反坎强度满足要求，施工时也更加安全。

2）主体浇筑时，应考虑预制凸窗的安装问题，合理设计反坎的形式，确保反坎的强度以及满足预制凸窗的安装要求。

问题【4.2.8】

问题描述：

悬挑脚手架需要在外墙面的楼板处开洞，严重影响结构成型质量（图 4.2.8）。

图 4.2.8　悬挑脚手架在墙面开洞

原因分析：

对于某些铝模标段，由于外立面设计或者工艺做法等要求导致无法采用提升架，不得不采用悬挑脚手架，而传统悬挑脚手架需要穿越结构保证锚固端长度，需要在铝模板上开洞，严重影响结构成型质量，同时对后期砌体及安装构成影响，大量的预留洞口还为后期外墙渗水漏水埋下隐患。

应对措施：

1）建议采用螺栓连接式悬挑脚手架，悬挑工字钢采用螺栓连接，避免对结构造成破坏，同时也避免在铝模上开洞，降低铝模的损耗。

2）在施工图深化前，就相关问题与总包、施工方提前沟通，并针对问题做相应调整，减少铝模开洞损耗，确保施工阶段提升架能安装运用。

问题【4.2.9】

问题描述：

现场预制墙板竖向堆放未进行抗倾覆验算，未考虑堆放架防连续倒塌的措施要求，导致预制构件堆场在强风雨等恶劣天气下出现倾覆或是连续倾覆。

原因分析：

1）未考虑不同堆放条件下构件本身的受力情况及不利天气下的工况，堆放墙板在极端天气时未采取临时加固措施。

2）未采取正确的堆放方式，如当墙板采用竖立插放时，插放架没有足够的承载力和刚度，导致倾倒或者下沉。

应对措施：

1）对预制构件的堆放、运输等在不同条件下可能带来的安全隐患做全面的梳理和验算，确保无意外发生。

2）根据规范要求，采用靠放架堆放构件时，靠放架应具有足够的承载力和刚度，与地面倾斜角度宜大于80°；墙板宜对称靠放且外饰面朝外，构件上部宜采用木垫块隔离。

3）根据规范要求，当采用插放架直立堆放件时，宜采取直立运输方式；插放架应有足够的承载力和刚度，并应支垫稳固。

问题【4.2.10】

问题描述：

预制外墙的斜撑固定点与构件边缘的距离偏小（图4.2.10），与铝模支撑体系冲突，无法安装。

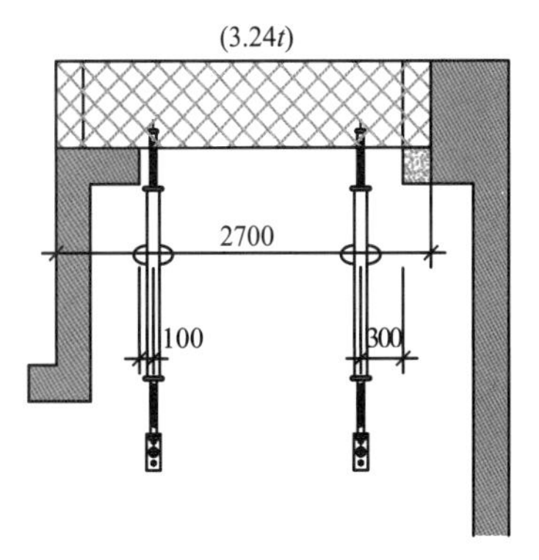

图4.2.10 预制外墙的斜撑固定点与构件边缘的距离偏小

原因分析：

1）构件深化设计时，预制构件的斜撑未考虑铝模支撑体系的避让，没有预留足够的斜撑固定点与构件边缘的距离。

2）铝模斜撑安装与设置不合要求且由于碰撞容易移位，后期混凝土结构浇筑时模板易失稳及偏移，导致混凝土成型质量较差。

应对措施：

构件深化设计时，预制构件的斜撑定位应考虑避让铝模支撑体系，一般要求距离构件边缘不小于300mm，预留足够的斜撑固定点与构件边缘的距离来避免与铝模支撑体系的冲突。

问题【4.2.11】

问题描述：

预制阳台或者叠合楼板等水平构件上，部分位置有给排水专业立管穿过水平构件，根据给排水专业要求，需要在这类水平构件上预埋刚性防水套管。构件生产时，刚性防水套管周边出现混凝土浇筑不实、刚性防水套管与混凝土脱离的情况。严重影响刚性防水套管的防水性能，后期存在渗水、漏水隐患（图4.2.11）。

原因分析：

1）在设计阶段，未充分考虑刚性防水套管翼环对构件加工的影响，刚性防水套管边缘在设计时距离水平构件边缘距离过小。

2）设计阶段未充分与给排水专业沟通，对刚性防水套管尺寸不清晰。导致设计时刚性防水套管距离构件边缘过近。

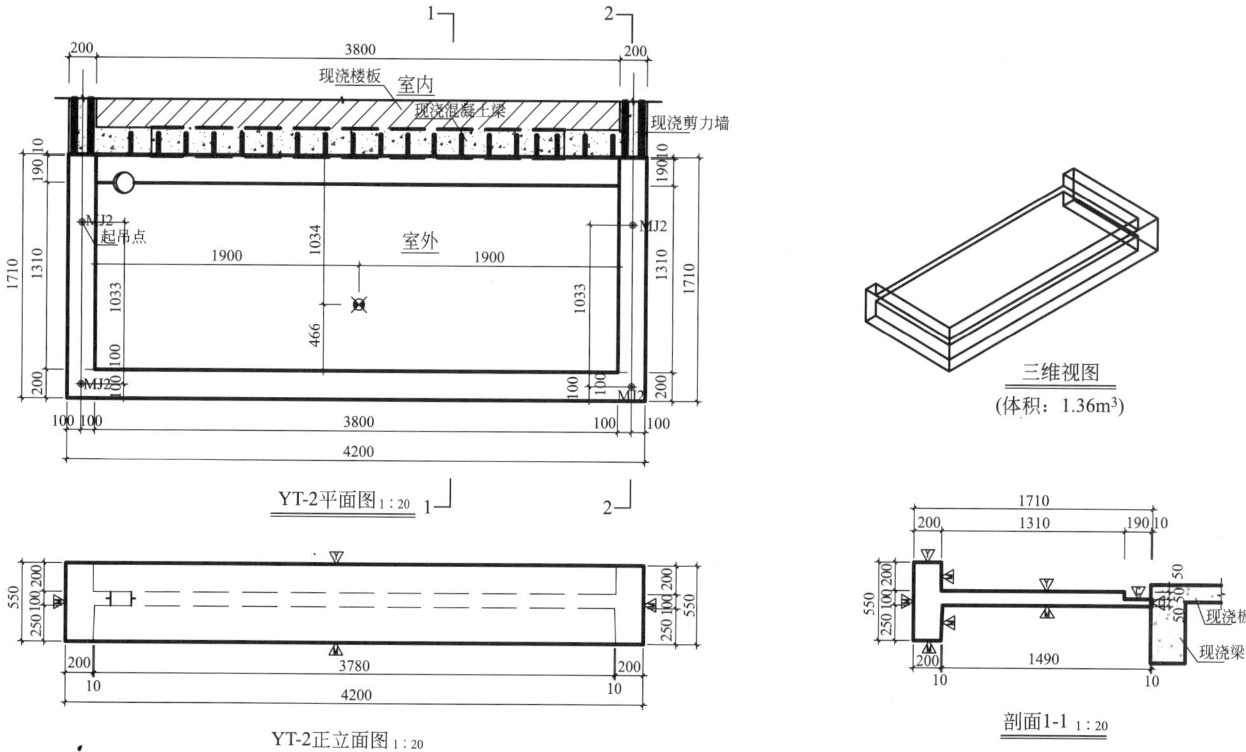

图 4.2.11 预制阳台叠合楼板预埋防水钢套管节点大样

3）构件厂生产时，未重视刚性防水套管周围混凝土浇筑情况，构件运输到现场施工时才发现问题。

应对措施：

1）构件设计时充分与给排水专业沟通，在满足设计要求的情况下，尽量调整位于水平构件边缘的刚性防水套管。保证套管边缘距离构件边缘≥50mm。

2）在设计阶段，在满足设计要求的情况下，可以采用留洞后装刚性防水套管的方法或者采用预埋止水节替代预埋刚性防水套管。

3）在构件厂生产阶段，注意位于构件边缘的刚性防水套管的混凝土浇筑情况，浇筑质量不好时，及时修补或者调整改进生产工艺。

问题【4.2.12】

问题描述：

转角墙安装困难，施工难度大，导致安装质量问题（图4.2.12）。

图 4.2.12　预制转角墙安装困难

原因分析：

设计阶段未充分考虑施工的易建性。由于预制构件墙板的安装固定同时受两侧的影响，对预制墙板的精细要求程度较高，且需在吊装时对两侧预制外墙板外立面精准定位，导致现场施工难度大，安装质量不易得到保证。

应对措施：

1）应在构件拆分阶段考虑到转角墙的施工便利性，对于L型转角墙，特别是两个墙肢较长时应尽量做成一字墙体。

2）吊装时，可以采用L型吊具，在吊装时将转角板受到的拉力转移到L型吊具上，从而避免转角墙板的损坏。

问题【4.2.13】

问题描述：

深化设计未对叠合板的支撑条件提出要求，造成现场施工时叠合板的变形或开裂（图4.2.13）。

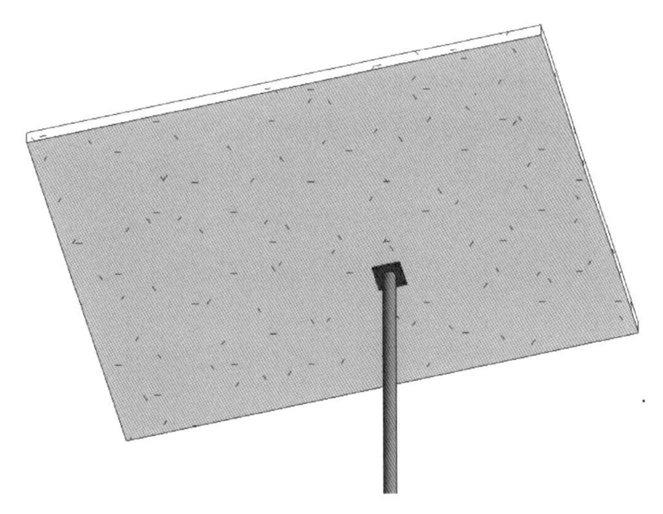

图 4.2.13　支撑条件设置不合理，容易导致叠合板开裂

原因分析：

设计人员或者施工人员没有考虑现场的支撑条件对预制叠合板的施工和受力影响，忽略了预制叠合板在现场施工过程中所需要的支撑条件要求。现场施工采用撑杆直接支撑的方式，造成叠合板

底在支撑点处的局部受力过大，支撑点周围的叠合板底的拉应力过大，从而导致板底混凝土开裂。

应对措施：

1）采用铝膜支撑一体化方式，使得预制叠合板底承受均匀分布的支撑力，避免叠合板底出现由于受拉导致的开裂现象。

2）叠合板底支撑梁应垂直桁架钢筋方向。

4.3 钢筋、支撑冲突问题

问题【4.3.1】

问题描述：

预制构件内预埋管线与钢筋冲突（图4.3.1），导致施工现场穿线遭遇阻碍，影响施工进程。

原因分析：

由于设计人员失误导致预埋管线与钢筋冲突，造成底部管线无法与预制外墙预埋管线对接，且没有对预制构件中预埋管线与钢筋的位置进行复核和修改，导致需要二次处理，重新更改线管，费时费工。

图4.3.1 预制构件内预埋管线与钢筋冲突

应对措施：

1）深化设计图纸应准确表达钢筋位置，并复核钢筋与管线的位置；应用BIM技术进行钢筋与预埋件孔洞之间的碰撞检查。

2）加强现场施工与设计单位以及构件加工厂的沟通，提高构件加工厂生产准确性以减少错误构件的产生。

问题【4.3.2】

问题描述：

现浇墙柱与预制构件节点处钢筋密集（图4.3.2），无法绑扎，且影响混凝土的浇筑与质量。

原因分析：

由于设计人员设计时未充分考虑节点区钢筋交错问题，预制构件与现浇墙柱交接处钢筋设计不合理，造成现场难以施工，且混凝土浇捣不密实，混凝土质量难以得到保证。

应对措施：

1）设计需优化加密区钢筋直径及根数。

2）预制构件与现浇构件钢筋密集区域，采用节点详图或BIM深化图表达。

3）采用大直径钢筋，减少钢筋根数（注意验算梁支座处裂缝宽度）。

图 4.3.2　现浇墙柱与预制构件节点处钢筋密集

图 4.3.3　铝模安装无法密拼

问题【4.3.3】

问题描述：

竖向构件设计的斜撑点位与现浇位置太近，影响铝膜安装（图 4.3.3）。

原因分析：

由于设计人员在进行预制构件深化时，未考虑预制构件邻边铝模封模的空间尺寸，以致预留空间不足，影响模板密拼，从而导致混凝土漏浆等现象的发生，影响混凝土表面观感质量及后续工序施工。

应对措施：

预制构件深化单位需要加强与铝模深化单位之间的协调，深化设计临时支撑点距预制构件边距离宜不小于 200mm，并预留出足够的预制构件邻边铝模封模的空间尺寸。

问题【4.3.4】

问题描述：

叠合板板筋在节点核心区内未伸入支座（图 4.3.4），影响结构安全。

原因分析：

钢筋下料时钢筋长度控制不满足要求，导致叠合板的钢筋长度过短，没有预留出足够的锚固长度，再长期受到振动荷载作用的情况下会产生裂缝，进而发展成断裂，影响结构安全。

图 4.3.4　叠合板板筋在节点核心区内未伸入支座

应对措施：

1）设计时，应保证钢筋足够的锚固长度以保证结构实际情况与结构计算模型、计算条件相符，从而保证结构安全。

2）可采用双面搭接焊的措施将钢筋接至设计及规范要求长度。

3）施工单位应认真审核班组钢筋下料单。

4）根据规范要求，预制构件的纵向受力钢筋宜从板端伸出并锚入现浇构件的现浇混凝土层中，在支座内锚固长度不应小于 $5d$ 及 100mm 的较大者，且宜伸过中心线。

问题【4.3.5】

问题描述：

预制墙板与现浇柱之间连接，预制墙板筋未伸至现浇柱内（图 4.3.5），而是在现浇柱纵筋外，影响结构的安全。

图 4.3.5　预制墙板筋未伸至现浇柱内

原因分析：

1）由于施工单位的疏漏，导致墙板筋伸入柱内钢筋锚固长度不足，钢筋不能在柱内生根，可能造成结构破坏、失效。

2）施工单位没有按照施工图纸或者规范的要求将预制墙板的钢筋伸至现浇柱内，对预制墙板与现浇柱之间连接构造要求不明确，没有进行技术交底。

3）设计人员未在施工图纸上对预制墙板与现浇柱之间连接构造进行明确表达。

应对措施：

1）为了满足填充墙构造要求，预制墙板和现浇构件（现浇墙或现浇柱）在水平方向上连接时，预制墙板的侧部需要预留有伸出钢筋（连接钢筋），伸出钢筋用于锚固在现浇构件内。

2）熟悉设计图纸和规范要求，加强钢筋配料管理工作，配料时考虑周到，确定钢筋的实际下料长度。在大批成型弯曲前先行试成型，做出样板，在调整好下料长度后，再批量加工。

3）应在设计图纸上给出预制墙板与现浇柱之间连接构造的明确表达。

问题【4.3.6】

问题描述：

设计时未考虑梁柱钢筋碰撞（图4.3.6），尤其是不同方向的梁筋存在互相碰撞的问题，导致现场无法安装到位。

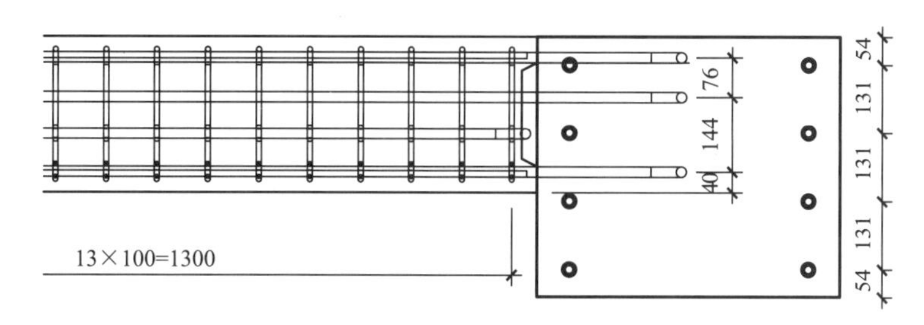

图4.3.6　节点梁柱钢筋碰撞

原因分析：

预制构件与现浇相比，钢筋碰撞的问题比较突出。设计人员在进行构件深化设计时未认真进行钢筋碰撞检查，因此需要设计人员仔细排好各种钢筋交叉的详细位置，避免碰撞而无法安装。

应对措施：

1）建议采用三维软件进行校核，在构造上尽量优化设计布置。如梁柱尽量不齐边，梁底部钢筋伸入支座的数量可按照规范进行适当的减少，同时两个方向的梁尽量高度做成不一样的，避免钢筋在一个平面内交叉太多。

2）及时沟通相关单位，确定梁柱构件的钢筋避让措施。

问题【4.3.7】

问题描述：

设计时虽然考虑了梁柱钢筋避让，但未考虑梁与梁钢筋碰撞，导致现场无法安装到位。

原因分析：

设计人员进行深化设计时，节点部位不仅要考虑梁柱钢筋避让问题，同时还要考虑同方向和垂直方向梁与梁钢筋的避让问题。在节点处，构件钢筋的碰撞检查不到位。

应对措施：

1）对节点内钢筋位置进行仔细排布，不同梁的底部高度尽量做成不同的。底部钢筋在满足规范要求前提下尽量少伸入支座，并采用三维软件进行空间校核（图4.3.7）。

2）应与施工单位及时沟通，确定好节点处构件钢筋的避让措施。

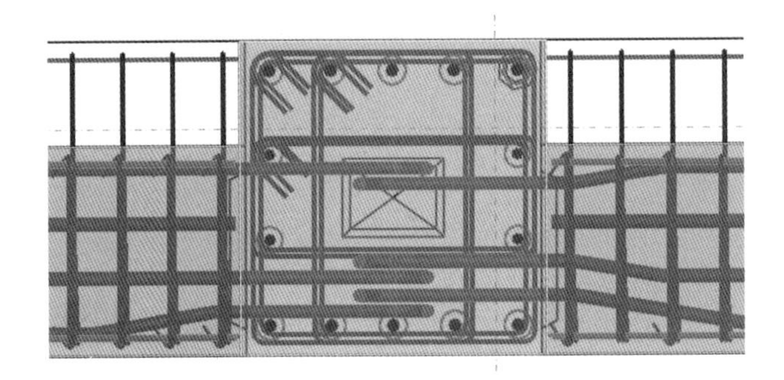

图 4.3.7　节点梁梁钢筋碰撞

问题【4.3.8】

问题描述：

设计考虑了钢筋互相避让，但现场安装还是出现问题（图 4.3.8）。

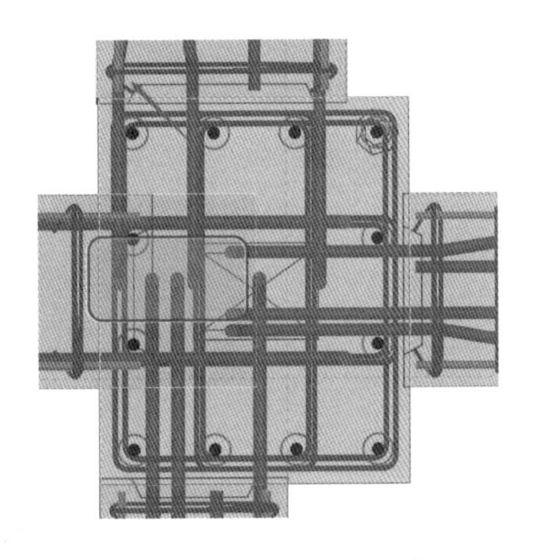

图 4.3.8　设计三维钢筋模型及现场实施图

原因分析：

除了考虑本身的预制构件加工存在施工误差外，还需要考虑带肋钢筋实际外围直径比标注的钢筋直径要大的因素。由于出现了预制构件尺寸的施工误差，以及在节点处构件钢筋连接和锚固困难的问题，在施工现场的预制构件安装容易出现困难和问题。

应对措施：

1）设计应预留足够的施工误差，施工安装也应按要求控制安装精度。

2）预制构件的施工和安装，需要综合考虑钢筋互相避让、预制构件尺寸的施工误差及钢筋外围实际尺寸与等效直径的区别。

3）应与施工单位及时沟通现场问题，给出预制构件安装问题的处理方案。

问题【4.3.9】

问题描述：

预制墙体插筋困难，影响施工质量（图 4.3.9）。

图 4.3.9　预制墙体插筋困难

原因分析：

由现浇转换为预制时，须在预制承重墙部位的转换层进行插筋，由于预留插筋定位存在偏差，使得构造边缘位置钢筋密集部位插入困难，导致墙体的平整度、垂直度受到影响，钢筋连接套筒灌浆质量难以达到要求，无法保证工程施工质量。

应对措施：

1）可在绑扎柱筋、墙筋未封模前就将插筋一起绑扎好，既方便施工，也可保证插筋的定位。

2）设计图纸优化，对下层钢筋放坡直到安装层，墙柱钢筋直接升上来充当插筋。

3）连梁面筋尽量拉通，避免弯锚引起钢筋集中。

问题【4.3.10】

问题描述：

钢筋定位框偏位，影响工程质量（图 4.3.10）。

图 4.3.10　钢筋定位框偏位

原因分析：

钢筋定位框以模板边为控制线，倚靠在模板面上，浇筑混凝土过程中振捣、胀模使得钢筋定位框的位置产生偏移，对预留钢筋位置造成扰动，导致插筋偏位。

应对措施：

1）钢筋定位框定位以控制线为准，不能以模板边线为准，并且安装钢筋定位框前调整模板边线准确，加固牢固。

2）在钢筋定位框上设置振动棒孔及管线穿孔，同时减小钢筋定位框的自重。

3）应对钢筋定位框采取有效的固定措施，使其不受到浇筑混凝土过程中振捣、胀模的影响。

问题【4.3.11】

问题描述：

预制墙体坐浆不密实，影响施工质量和结构安全（图 4.3.11）。

原因分析：

坐浆不密实会导致套管气密性不佳，冲气检测时存在漏气现象。钢筋位置坐浆过高（防进浆垫片内径较钢筋直径大，不严实），可能存在浆料挤入灌浆管内堵塞下部注浆孔问题，注浆孔堵塞可导致现场无法注浆或者注浆不饱满，影响结构安全。

图 4.3.11　预制墙体坐浆不密实

应对措施：

1）铺设坐浆料的时候，应严格控制铺设高度，适当高出控制标高即可。

2）同时尽快放置与插筋直径相对应的防进浆垫片。

3）对于墙板安装后依然存在漏气现象的位置进行封堵处理，外墙外侧的封堵采用双面胶＋发泡胶。

问题【4.3.12】

问题描述：

现浇层转预制楼层的钢筋定位问题，钢筋插筋误差较大（图 4.3.12）。

图 4.3.12　柱纵筋套筒定位

原因分析：

由于现场施工未对钢筋定位进行认真核查，在现浇层转预制的楼层，钢筋插筋误差较大。现场加大下层现浇柱截面后，难以完全解决该问题。

应对措施：

1）地下室现浇柱截面同地上预制柱，现浇柱纵筋按套筒定位。

2）采用钢筋定位框配合定位工装的插筋定位方式，插筋定位框上安放相应钢筋定位工装，通过度量钢筋定位工装到定位轴线、定位线的距离，及时调整插筋定位框的位置。

4.4　现场预埋、预留问题

问题【4.4.1】

问题描述：

现场构件连接预埋件位置偏差较大（图4.4.1），安装定位困难。

图4.4.1　预埋件位置偏差较大

原因分析：

1）构件连接节点设计不合理，造成现场施工安装困难，构件耐久性存在安全风险。

2）管线及构件没有很好地固定，在混凝土浇筑和振捣过程中发生脱落或偏移等现象，影响后续使用。

3）预埋件在混凝土终凝前没有进行二次矫正，过程检验不严格，技术交底不到位。

应对措施：

1）深化设计必须了解各种连接节点的应用范围，连接节点设计要考虑安装的便利性。

2）构件生产前仔细审查细化图纸。

3）浇筑混凝土之前专门安排工人对预埋件和钢筋进行复位，严格执行检验程序。

问题【4.4.2】

问题描述：

线盒、线管预留不到位（图4.4.2），墙板安装之后需要重新开凿，甚至出现跨越多道墙板的情况。

图4.4.2　线盒、线管预留不到位

原因分析：

1）深化设计时各专业缺少配合，未考虑线盒预留，或现场预留不到位。

2）接线盒在开设过程中发生错位，未及时调整位置。

3）预留接线盒墙板安装定位措施不可靠，安装错位。

应对措施：

1）构件深化时应做到线盒线管对齐，尽量做到简单化，提升施工效率。

2）严禁在轻质条板上开水平槽，严禁跨缝开槽。

3）混凝土振捣前将接线盒焊接在对应部位上，使接线盒很好地固定，避免线盒在振捣时移位的问题。

问题【4.4.3】

问题描述：

由于现场施工误差导致现场预留管线孔位与预制外墙预留管线孔不符，需重新开洞和修补，增加费用。

原因分析：

1）由于施工人员失误，未仔细核对施工图，其管线孔位预留未按照图纸施工。

2）未及时与预制构件加工厂进行沟通。

3）在浇筑预制构件混凝土时，没有对预留管线孔位采取有效的固定措施，导致其在振捣混凝土过程中产生偏位。

应对措施：

1）加强管理，预埋管线必须按图施工，在浇筑混凝土前加强检查与核对。

2）施工单位加强施工现场管理，提高管理人员质量控制水平以及工人的质量意识。

3）应采取有效措施对预留管线孔位进行固定，使其不受到振捣混凝土过程中的影响。

问题【4.4.4】

问题描述：

一字墙墙板构件斜撑、水电点位反向预留错误。

原因分析：

1）构件深化设计时未明确孔洞位置，造成孔洞位置错误。

2）预制构件加工时未按照图纸的点位预留要求施工。

3）由于预制构件加工厂加工精度误差，导致预留的螺杆洞偏位无法支撑模型。

应对措施：

1）增加构件安装标记、三维建模模拟情景。

2）在预制墙板上直接打孔使用膨胀螺栓固定。

3）加强各专业之间的沟通与联系，减少构件预留错误。

4）与厂家定期沟通，检查模板问题，优化构件和模具设计。

问题【4.4.5】

问题描述：

预埋件长度超过预制构件面外挂墙板构件预埋连接角码钢筋凸出窗台、起吊用 M20 螺栓$L=$

150 设置在梁式楼梯中 100 厚梯板内。

原因分析：

1）钢筋配料时没有认真熟悉设计图纸和施工规范，配料尺寸有误，下料时尺寸误差大，画线方法不对，下料不准。

2）构件生产过程生产人员及专检人员未对照设计图纸检查，导致预埋件规格使用错误。

应对措施：

1）设计师画图过程中埋件按照实际尺寸放在平面图、剖面图中校对。

2）预制构件制作模具应满足构件预埋件的安装定位要求，其精度应满足技术规范要求。

问题【4.4.6】

问题描述：

预埋的临时支撑埋件位置影响现场支撑的设置（图 4.4.6），导致预制构件无法临时支撑、固定、调节就位。

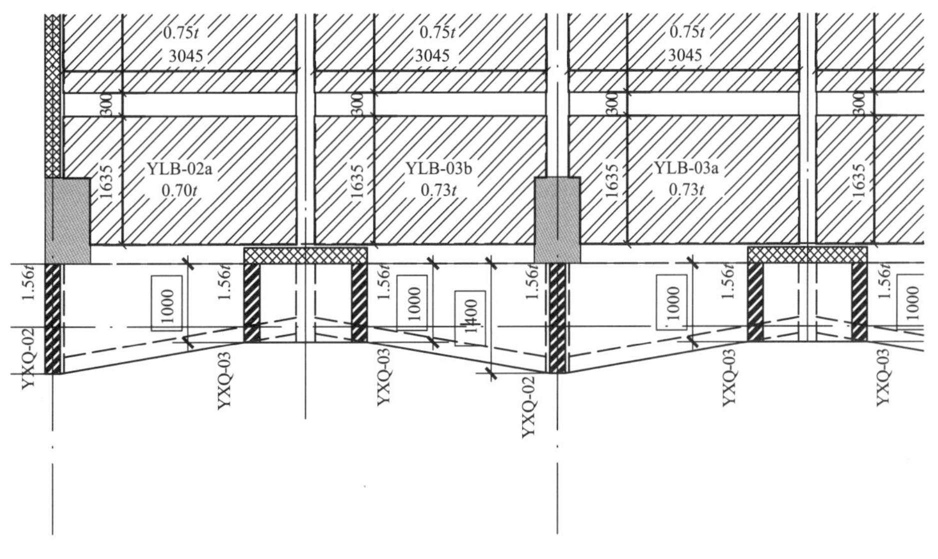

图 4.4.6　临时支撑设置有困难

原因分析：

设计人员未考虑现场的支撑设置条件来设置预制构件的临时支撑埋件位置，对安装作业要求不熟悉，导致预制构件临时支撑所需的空间尺寸不足或者与其他结构的支模体系等产生冲突。

应对措施：

1）应充分考虑现场支撑设置的可实施性，加强设计与施工单位的沟通协调，对安装用埋件进行及时确认。

2）斜撑预埋件定位图需要进行深化设计与复核，确保斜撑拉结时不会与其他结构的支模体系等产生冲突。

第 5 章 设计对造价成本的影响

5.1 装配式方案对成本影响问题

问题【5.1.1】

问题描述：

预制构件标准化程度较差，未形成产品化，构件单价较高。

原因分析：

1）设计无标准化设计理念或在施工图后期才开始预制构件设计。

2）定制产品单独开模，模具周转次数较低，达不到模具最高周转次数。

应对措施：

1）建议设计院、预制构件厂数据共享，形成标准化构件库，发挥每套模具周转次数，使预制楼梯段、预制凸窗、预制外墙板等构件形成标准产品库，新建项目能够快速调用数据，减少预制构件图纸二次深化，同时预制构件厂能够快速为相同类型新建项目提供现成预制构件，实现预制构件商品化。

2）装配式建筑设计应该前置，避免按常规建筑完成后再改为装配式建筑，户型标准化、构件标准化等均不理想，造成构件类型较多，施工效率不高。

问题【5.1.2】

问题描述：

装配式项目后期成本测算超限额指标。

原因分析：

装配式建筑项目在项目开始前期未根据项目定位、建设规模、成本限额、效率目标及外部影响因素等进行项目整体策划、制定合理的技术策划及实施方案，无法为后续的设计工作、管理工作提供依据。

应对措施：

1）装配式建筑前期技术策划对项目的实施及成本控制具有十分重要的作用，建设单位应充分考虑项目定位、建设规模、装配化目标、成本限额，以及各种外部条件影响因素，制定合理的技术策划及实施方案，为后续的设计工作、管理工作提供依据（图 5.1.2）。

2）在建设前期开展项目技术策划环节，便于统筹相关单位从项目前期更全面、更综合地实现

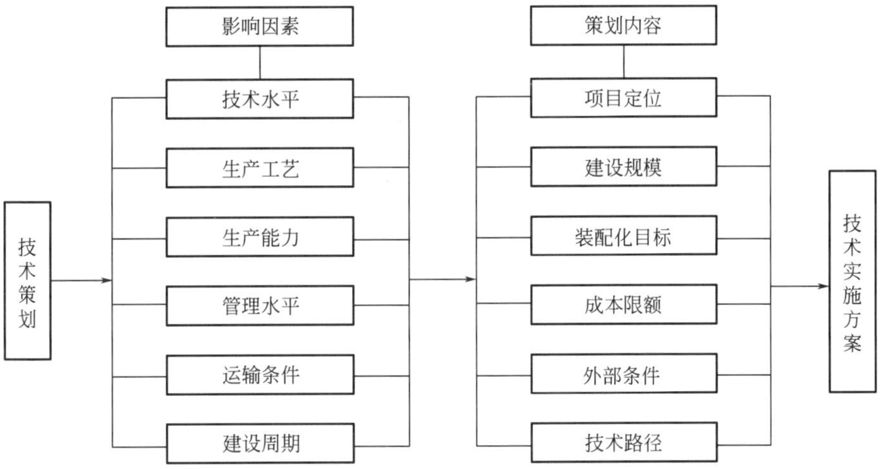

技术策划 → 影响因素：技术水平、生产工艺、生产能力、管理水平、运输条件、建设周期 → 策划内容：项目定位、建设规模、装配化目标、成本限额、外部条件、技术路径 → 技术实施方案

图 5.1.2　装配式建筑成本控制要点

标准化设计、工厂化生产、装配式施工、一体化装修和信息化管理，全面提升建筑品质，降低建造和使用成本。

5.2　构件成本预算问题

问题【5.2.1】

问题描述：

预制构件制作效率太低，增加构件生产成本（图 5.2.1）。

图 5.2.1　预制 U 型梁构件

原因分析：

1）设计未考虑生产工艺，标准化程度不高，或加工复杂、效率低下。

2）图纸深化不明确，制作工艺不符合要求。

应对措施：

1）设计构件应方便生产和安装。

2）构件生产阶段应提出提高生产效率的措施，加强与深化设计的配合。

问题【5.2.2】

问题描述：

预制构件模板周转次数少导致成本增加。

原因分析：

1）设计方案时，未考虑构件标准化。

2）装配式方案设计时未考虑模具周转次数，为了装配而装配。

应对措施：

1）建筑方案阶段就要确定装配式方案，采用协同设计。

2）采用定制模板的立体构件，如凸窗和楼梯，通过限制构件个数进行控制成本。

3）平面构件等可以采用长线台生产的构件，如叠合板等，保证构件宽度标准化，通过调整长度适用于不同位置。

5.3　施工措施费问题

问题【5.3.1】

问题描述：

未考虑装配式项目对施工费的影响。

原因分析：

预制构件施工费成本一般都应计入总承包费用内，费用成本从构件卸车开始，到安装交付，若前期未考虑装配式构件的吊装、施工过程相关措施的费用，易造成较大的成本预算差异。

应对措施：

1）满足预制构件场内运输对临时道路的要求，如道路宽度、道路承载力要求。

2）对顶板作为构件堆场或运输道路通过的项目，需要考虑顶板加固的相关成本。

3）确定装配式构件对塔吊的要求，避免对机械费预算过少。

4）考虑装配式构件的吊装人工费、预埋件成本费、灌浆及消耗品费用。

5）考虑打胶及修补费、成品保护费。

参考文献

[1] 中华人民共和国住房和城乡建设部，中华人民共和国国家质量监督检验检疫总局. 装配式混凝土结构技术规程：JGJ—2014[S]. 北京：中国建筑工业出版社，2014.
[2] 中华人民共和国住房和城乡建设部，中华人民共和国国家质量监督检验检疫总局. 装配式建筑评价标准：GB/T 51129—2017[S]. 北京：中国建筑工业出版社，2017.
[3] 中华人民共和国住房和城乡建设部，中华人民共和国国家质量监督检验检疫总局. 混凝土结构设计规范 2015 年版：GB 50010—2010[S]. 北京：中国建筑工业出版社，2010.
[4] 中华人民共和国住房和城乡建设部，中华人民共和国国家质量监督检验检疫总局. 建筑抗震设计规范(2016 版)：GB 50011—2010[S]. 北京：中国建筑工业出版社，2016.
[5] 中华人民共和国住房和城乡建设部，中华人民共和国国家质量监督检验检疫总局. 混凝土结构工程施工质量验收规范：GB 50204—2015[S]. 北京：中国建筑工业出版社，2015.
[6] 深圳市建设科技促进中心. 装配式混凝土建筑常见问题防治指南[M]. 上海：同济大学出版社，2019.

致　　谢

在本书的编撰过程中，编委广泛征集了工程设计、咨询、建造及工程管理等意见，得到了很多单位及个人的大力支持，在此致以特别感谢！（按照提供并采纳案例数量排序）

1. 深圳市华阳国际工程设计股份有限公司

姓名	条文编号
曹勇龙	1.1.1、1.2.1、2.2.1、2.3.1、2.3.2、2.3.7、2.3.12、2.4.1、2.4.2、2.5.2、2.5.3、2.5.4、2.5.5、2.5.6、2.5.39、2.5.41、2.5.42、2.6.1、2.8.1、3.1.1
杨涛	2.2.3、2.2.4、2.2.7、2.4.3、2.4.4、2.5.7、2.5.8、2.5.9、2.5.10、2.5.11、2.5.12、2.5.13、2.5.40、4.1.1、4.2.5、4.2.6、4.2.7、4.3.3
赵晓龙	2.2.2、2.3.14、3.1.2、3.1.3、3.2.1、3.3.1、4.2.4、4.3.1、4.3.2、4.4.1、4.4.2、5.1.2、5.2.1、5.3.1
黄兰清	2.5.1、4.2.1、4.2.2、4.2.3、4.3.4、4.3.5、4.4.3
刘翔	2.3.5、2.3.10、2.3.11、2.3.13、2.3.15、2.4.6、2.4.7
宁伟	2.3.6、2.4.8、2.5.14、2.9.1、4.4.4、4.4.5
谌贻涛	2.7.1、2.7.2
苏东坡	2.4.17、2.5.46
欧阳榕	2.4.5
胡珊	2.5.28

2. 中建科技集团有限公司

姓名	条文编号
钟志强、黄朝俊	3.1.4、3.1.5、3.1.6、3.1.7、3.1.8、3.1.9、3.1.10、3.1.11、3.1.12、3.1.17、3.1.18、3.1.19、3.1.20
王洪欣、邱勇	2.6.3、2.6.4、2.9.5、2.9.6、3.3.2、4.2.10、4.2.12、4.2.13
潘旭钊	2.7.3、2.7.4、2.7.5、2.7.6
邱勇、王洪欣	3.1.13、3.1.14、3.1.15、3.1.16
王洪欣、李晓丽	2.1.2、2.9.7、5.2.2
孙占琦、范林飞	4.3.9、4.3.10
孙占琦、芦静夫	4.3.11、4.3.12
孙占琦	2.5.36
孙占琦、廖茂强	2.4.15

3. 深圳华森建筑与工程设计顾问有限公司

姓名	条文编号
练贤荣	2.1.1、2.2.6、2.3.3、2.3.5、2.3.9、2.3.13、2.3.15、2.4.10、2.4.11
项兵	2.5.34、2.5.35、2.5.44、2.5.45、2.9.3、2.9.4、4.2.9
杜欢益	2.5.31、2.5.32、2.5.33、4.3.6、4.3.7、4.3.8

4. 筑博设计股份有限公司

姓名	条文编号
许丰	1.5.15、1.5.16、1.5.17、1.5.18、1.5.19、1.5.21、1.5.22、1.5.23、1.5.24、1.5.25、1.5.27

续表

姓名	条文编号
陈立民	1.4.9、1.5.26
罗庆	1.3.10
罗昌兴	1.5.20

5.深圳市建筑设计研究总院有限公司

姓名	条文编号
彭鹏	2.3.4、4.2.11
秦超	2.5.37、4.1.3
徐才龙、李响	2.2.5
唐大为、彭鹏	2.4.16
彭鹏、徐才龙	2.5.28
秦超、彭鹏	2.5.29
李响、徐才龙	2.5.30
唐大为、秦超	4.1.2
唐大为	4.2.8

6.深圳市建筑科学研究院股份有限公司

姓名	条文编号
刘丹	2.2.1